yao shi liang yong zhi wu

药食两用植物
栽培与应用

|吴水金| 编著

海峡出版发行集团 | 福建科学技术出版社
THE STRAITS PUBLISHING & DISTRIBUTING GROUP | FUJIAN SCIENCE & TECHNOLOGY PUBLISHING HOUSE

图书在版编目（CIP）数据

药食两用植物栽培与应用 / 吴水金编著. — 福州：
福建科学技术出版社, 2023.12
ISBN 978-7-5335-7153-5

Ⅰ.①药… Ⅱ.①吴… Ⅲ.①药用植物—栽培技术
②药用植物—利用 Ⅳ.①S567

中国国家版本馆CIP数据核字（2023）第232320号

书　　名	**药食两用植物栽培与应用**
编　　著	吴水金
出版发行	福建科学技术出版社
社　　址	福州市东水路76号（邮编350001）
网　　址	www.fjstp.com
经　　销	福建新华发行（集团）有限责任公司
印　　刷	福建新华联合印务集团有限公司
开　　本	700毫米×1000毫米　1/16
印　　张	17.5
字　　数	267千字
版　　次	2023年12月第1版
印　　次	2023年12月第1次印刷
书　　号	ISBN 978-7-5335-7153-5
定　　价	40.00元

书中如有印装质量问题，可直接向本社调换

PREFACE

　　中华文明，是世界上最古老的文明之一，也是世界上持续时间最长的文明之一。中华文明历史源远流长，若从黄帝时代算起，已有5000年 。《黄帝内经》曰："气厚者为阳，薄为阳之阴。味厚则泄，薄则通。气薄则发泄，厚则发热。壮火之气衰，少火之气壮。壮火食气，气食少火。壮火散气，少火生气。气味辛甘发散为阳，酸苦涌泄为阴。"由此可见，古人早已开始利用植物养生。

　　随着社会经济的不断发展强大，人们的生活水平有了很大的提高，同时受西方医学的影响，中医发展受到极大的限制。在中草药文化传承过程中，那些被祖辈所熟知的普通药食两用的植物，对于现在年轻一代来说越来越陌生，更有甚者认为那是封建迷信，不科学。

　　《药食两用植物栽培与应用》是一部系统介绍药食两用植物的著作，立足于传承传统养生文化。本书旨在阐述这些植物的栽培与应用价值，详细介绍每种植物的特征特性、生长环境、栽培技术、药用价值、营养价值、膳食方法等内容。此书主要为了认真挖掘传统文化中的养生观念，重视"治未病"，把"医食同源""药食同源"等传统养生应用于生活，让人们在日常生活中通过饮食促进身体健康。

本书在编写过程中参考了许多国内相关著作与论文，在此特向有关作者表示诚挚的谢意。由于编者水平有限，书中难免有不尽如人意之处，恳请各位同行及读者批评指正。

吴水金

2023 年 8 月

CONTENTS 目录

三白草科

●学名●
Houttuynia cordata Thunb.

蕺菜

别名： 鱼腥草、臭菜、侧儿根、侧耳根、臭草、臭茶、臭耳朵草、臭根草、臭蕺、臭灵丹、臭猪草、丹根苗、独根草、狗腥草、蕺儿根

科属： 三白草科蕺菜属

一、形态特征

多年生草本，高 30~60 厘米；茎下部伏地，节上轮生小根，上部直立，无毛或节上被毛，有时带紫红色。叶薄纸质，有腺点，背面尤甚，卵形或阔卵形，顶端短渐尖，基部心形，两面有时除叶脉被毛外余均无毛，背面常呈紫红色；叶脉 5~7 条，全部基出或最内 1 对离基从中脉发出，如为 7 脉时，则最外 1 对很纤细或不明显；叶柄无毛；托叶膜质，顶端钝，下部与叶柄合生的鞘，且常有缘毛，基部扩大，略抱茎。总花梗无毛；总苞片长圆形或倒卵形，顶端钝圆；雄蕊长于子房，花丝长为花药的 3 倍。蒴果，顶端有宿存的花柱。花期 4~7 月。

二、生境分布

生长在林下、路旁、田埂、水沟边及庭院周边。分布于长江流域以南的中部、东南部及西南部各省区，尤其以四川、湖北、浙江、福建、广西、贵州等地有驯化栽培，四川雅安是我国蕺菜的主产区之一。

三、栽培技术

1. 整地

蕺菜性喜温暖湿润的气候，忌干旱。因此，园地可以选择地下水位比较高的地块，在入冬后深耕 20~25 厘米，晒土。开春后，每亩施入充分腐熟并经晾晒的农家肥 2500~3000 千克。利用大型旋耕机疏松表土、清除杂草、破碎土块，拌匀农家肥。再用开沟起垄、做畦。

2. 育苗

蕺菜生产中多以根茎繁殖为主。挑选健康，不携带任何病害、虫伤的粗壮根茎，剪成 5~10 厘米长的小段，确保每段具 2~3 节，并有 3 条以上须根，下种前用 500 毫克 / 千克生根粉溶液蘸根 20 分钟，然后按行距 25 厘米、株距 5 厘米栽植在种苗繁育田内，覆土 6 厘米厚，覆盖地膜保温保湿，土壤湿度保持在 70% 以上。

3. 移栽

春栽时间为 3 月底至 4 月初。平畦栽植的，畦宽 1.2 米、高 8~10 厘米，畦面平整，无大坷垃。按行距 40 厘米在畦上开种植沟，沟宽 13 厘米、深 10 厘米，按照株距 6 厘米栽植于沟内，覆土后灌水。缓苗前保持土壤湿润，提高植株成活率。

4. 田间管理

光照管理：适当遮阳有利于蕺菜主要营养成分的积累。夏季强光和高温天气时间较长的地区，在栽植畦垄上，按 20 厘米的株距点播玉米，利用玉米茎秆遮阳，可为蕺菜的生长发育营造适宜的光照环境。

水肥管理：根据蕺菜不同生长发育时期对肥料的需求特点，追施相应的肥料。苗期对氮肥需求量较大，缓苗后结合浇水，每亩施用 46% 尿素 7.5 千克。4月初，地上植株生长较快，对氮肥需求量增加，每亩追施 46% 尿素 10~15 千克，植株长势弱的地块，可适当增加氮肥施用量，但每亩每次追施氮肥量不得超过25 千克。开花期进入养分积累期，追肥应以有机肥、生物菌肥为主，限制氮肥用量，结合根茎培土，每亩施饼肥 35~50 千克、木质素菌肥 100 千克。蕺菜生长发育前期，每间隔 7~10 天，在晴天下午叶面喷施生物发酵菌液 100~150 倍液，连续喷施 2~3 次。在蕺菜开花期开始喷施 0.3% 磷酸二氢钾溶液，间隔 10 天喷施 1 次，连喷 2 次。

蕺菜喜湿怕涝，要经常保持土壤湿润，土壤含水量维持在 70% 以上。大雨过后及时排水，在高温天气降雨后，要结合排水同时浇灌井水，做到边浇水边排水，防止热雨对蕺菜根系造成损伤，导致植株生长不良，甚至出现死棵现象。

除草：杂草不仅与蕺菜争夺养分，而且造成蕺菜行间通透性差，易引起多种病害发生。为确保蕺菜绿色生产，一般不使用除草剂。蕺菜生长发育前期，采取浅中耕的方式防除杂草；中后期，栽培行间覆盖粉碎后的作物或杂草秸秆。

5. 病虫害防治

叶斑病：叶斑病在蕺菜的各个生长发育期均可发病，发病初期，叶面出现不规则或圆形病斑，边缘紫红色，中间灰白色，上生浅灰色霉；发病后期，病斑融合在一起，叶片局部或全部枯死。防治方法：及时清除行间杂草及老叶病叶，带离种植田深埋或销毁，确保田间有良好的通透性。叶斑病可用 70% 代森锰锌可湿性粉剂 600 倍液与 20% 硅唑·咪鲜胺水乳剂 1000 倍液交替喷雾防治。

螨类：螨类是蕺菜的主要虫害，主要为害植株幼嫩的叶片，被害叶片出现许多粉绿色或灰白色小点，植株光合作用降低，严重时，造成植株叶片大量脱落。防治方法：主要采用药剂防治，用 18% 阿维菌素乳油 2500~3000 倍液，或者 40% 哒螨·乙螨唑悬浮剂 3000 倍液，交替喷雾防治。

6. 采收

蕺菜作为蔬菜食用时，植株地上茎长到 35 厘米高时即可收获上市，选择在晴天的下午收获植株根系，洗净后上市。

四、应用价值

1. 药用价值

新鲜全草或干燥地上部分入药。夏季茎叶茂盛花穗多时采割，除去杂质，晒干。性微寒，味辛。有清热解毒、消痈排脓、利尿通淋之功效，用于肺痈吐脓、痰热喘咳、热痢、热淋、痈肿疮毒。

2. 营养价值

蕺菜主要含蛋白质、脂肪、碳水化合物、膳食纤维、维生素、胡萝卜素及矿物质钙、磷、铁等营养物质。

五、膳食方法

蕺菜的地下根茎及嫩茎叶作为一种野生菜食用，以炖汤、凉拌菜为主，有一点鱼腥味。

1. 凉拌蕺菜

食材：鲜蕺菜。

做法：将鲜蕺菜洗净，去除小须，掐断，盐水浸泡后，将水滤净，加入蒜泥、酱油、辣椒等调料拌即可。

2. 蕺菜炖鸡汤

食材：鲜蕺菜、鸡。

做法：将鸡肉抄水，再同蕺菜、葱姜等一起放在煲锅里加入适量凉水一起煮，大火煮沸，小火慢炖，出锅时放盐调味即可。

3. 蕺菜炒肉片

食材：鲜蕺菜、猪肉片、葱、姜。

做法：先将姜煸香，再放入猪肉片、鲜蕺菜一起炒熟，出锅时加入葱、盐调味即可。

●学名●
Morus alba L.

桑

别名：桑树、白桑、伏桑、葫芦桑、黄桑、家桑、荆桑、桑白皮、桑根皮、桑皮、桑椹、桑椹树、桑叶、桑枣树、桑枝、山桑树、山桑条、台湾桑、小叶桑、盐桑树

科属：桑科桑属

桑科

一、形态特征

乔木或为灌木，高 3~10 米或更高，树皮厚，灰色，具不规则浅纵裂；冬芽红褐色，卵形，芽鳞覆瓦状排列，灰褐色，有细毛；小枝有细毛。叶卵形或广卵形，先端急尖、渐尖或圆钝，基部圆形至浅心形，边缘锯齿粗钝，有时叶为各种分裂，表面鲜绿色，无毛，背面沿脉有疏毛，脉腋有簇毛；叶柄具柔毛；托叶披针形，早落，外面密被细硬毛。花单性，腋生或生于芽鳞腋内，与叶同时生出；雄花序下垂，密被白色柔毛，雄花。花被片宽椭圆形，淡绿色。花丝在芽时内折，花药 2 室，球形至肾形，纵裂；雌花序被毛，总花梗被柔毛，雌花无梗，花被片倒卵形，顶端圆钝，外面和边缘被毛，两侧紧抱子房，无花柱，柱头 2 裂，内面有乳头状突起。聚花果卵状椭圆形，成熟时红色或暗紫色。花期 4~5 月，果期 5~8 月。

二、生境分布

生于溪边、田野、池塘边及农舍前后。全国各地均有分布和驯化栽培。

三、栽培技术

1. 整地

桑树适应能力比较强，生产上要达到高产，一定要选择阳光充足的地带，即栽种地最好是光照比较良好的向阳地带。开春后，每亩施入充分腐熟的农家肥 2500~3000 千克或有机肥 1000 千克。进行深耕拌均，整出 1.5 米的畦。

2. 定植

定植时间在春秋，种植株行间距约为 1.5 米 ×1.2 米，栽时将桑苗放入定植穴，保持根系舒展，填土压实，浇足定根水。

3. 田间管理

水肥管理：桑园要开好排灌沟，降低地下水位，防止园地积水。桑树发芽开叶期和夏秋期需水量大，要做好浇水工作，可通过排灌、沟灌跑马水满足桑树的用水要求。桑树要做好施肥工作，不同时期施肥季节有所差异。

春肥于桑芽萌动新梢长出 5~10 厘米长时，及时重施速效肥，亩施复合肥 20 千克 +46% 尿素 10 千克 + 麸肥 50 千克；夏肥，春蚕结束后施，每亩施 46% 尿素 20 千克，桑树专用复合肥 25 千克；秋肥，秋蚕结束后施，每亩 46% 施尿素 5 千克，桑树复合肥 10 千克；冬肥，于 12 月桑树休眠时期开沟施下，以腐熟的家栏肥和土杂肥为主，主要作用是改良土壤，提高地力。

除草修剪：桑园中耕除草每年进行春、夏、秋、冬四次，尤其以冬、夏较为重要，一般中耕除草与施肥结合进行。要求冬耕深度达到 15~20 厘米，春、夏、秋耕深度以 5~10 厘米为宜。移栽后离地面 20 厘米剪去苗干，冬栽的进行春剪，春栽的随栽随剪，要求剪口平滑。待新芽长至 15 厘米时进行疏芽，每株选留 2~3 个发育强壮、方向合理的桑芽养成壮枝。对只有一个芽的，待芽长至 15 厘米时进行摘心，促其分枝，提早成园。

4. 病虫害防治

桑树常见的病害有青枯病、桑花叶病、桑赤锈病、桑黑白粉病，青枯病可以喷洒 77% 的氢氧化铜（可杀得）微粉状粉末药剂 500 倍稀释，每 7 天喷洒 1 次，连续喷洒 2~3 次。桑花叶病可以采取冬季留长枝的方式对其进行有效防治。桑赤锈病可使用 25% 的三唑酮（粉锈宁）1000 倍稀释对嫩芽喷洒，每 7 天喷洒 1 次，连续喷洒 2~3 次。桑黑白粉病可以用 20% 的硫酸钾，如果病害严重，需要对感染枝条进行集中焚烧深埋处理。

常见的虫害主要是金龟子，防治方法：灯光诱杀成虫；冬耕翻土时，随犁拣除幼虫和幼苗根部的蛴螬。

5. 采收

菜用桑叶在定形后的植株，嫩梢生长到 15 厘米长左右时，从 3 到 4 片叶处采下即可。

四、应用价值

1. 药用价值

干燥老桑叶入药。深秋(霜降)以后至冬季采集最佳，除去杂质，搓碎，去柄，筛去灰屑。性寒，味苦、甘。有疏散风热、清肺润燥、平肝明目、凉血止血之功效，用于风热感冒、温病初起、肺热咳嗽、肝阳上亢眩晕、目赤昏花，以及血热妄行之咳血、吐血。

2. 营养价值

桑叶中富含碳水化合物、脂肪、蛋白质、多种维生素，以及微量元素如铜、铁、锌、锰、钙等营养物质。

五、膳食方法

嫩桑叶可食用，做上汤，润滑爽口。

1. 桑叶猪肝汤

材料：鲜桑叶适量、猪肝。

做法：将桑叶洗净，用清水煮沸，加入切片的猪肝，再煮约 5 分钟，出锅用食盐调味即可。

2. 桑叶猪骨汤

材料：鲜桑叶适量、猪骨、蜜枣。

做法：先将洗净猪骨与蜜枣一起同煲 1 小时左右，放入洗净桑叶，再煲 10 分钟调味即可。

3. 桑叶粥

材料：鲜桑叶、粳米、砂糖适量。

做法：将鲜桑叶洗净煮水，取汁去渣，加入洗净粳米同煮成粥，兑入砂糖调匀即可。

●学名●
Ficus hirta Vahl

粗叶榕

别名：五指毛桃、掌叶榕、粗毛榕、佛掌榕、毛桃树、牛奶木、牛奶子、三龙爪、三指佛掌榕、三指牛奶、三爪龙、三爪毛桃、三爪榕、山毛桃、五爪龙、五指牛奶

科属：桑科榕属

一、形态特征

灌木或小乔木，嫩枝中空，小枝、叶和榕果均被金黄色开展的长硬毛。叶互生，纸质，多型，长椭圆状披针形或广卵形，边缘具细锯齿，有时全缘或3~5深裂，先端急尖或渐尖，基部圆形，浅心形或宽楔形，表面疏生贴伏粗硬毛，背面密或疏生开展的白色或黄褐色绵毛和糙毛，基生脉3~5条，侧脉每边4~7条；托叶卵状披针形，膜质，红色，被柔毛。叶型变异极大，在同一植株上的叶有全缘和分裂的。榕果成对腋生或生于已落叶枝上，球形或椭圆球形，无梗或近无梗，幼时顶部苞片形成脐状凸起，基生苞片卵状披针形，膜质，红色，被柔毛；雌花果球形，雄花及瘿花果卵球形，无柄或近无柄，幼嫩时顶部苞片形成脐状凸起，基生苞片早落，卵状披针形，先端急尖，外面被贴伏柔毛；雄花生于榕果内壁近口部，有柄，花被片4片，披针形，红色，雄蕊2~3枚，花药椭圆形，长于花丝；瘿花花被片与雌花同数，子房球形，光滑，花柱侧生，短，柱头漏斗形；雌花生雌株榕果内，有梗或无梗，花被片4片。瘦果椭圆球形，表面光滑，花柱贴生于一侧微凹处，细长，柱头棒状。

二、生境分布

生于山林中或山谷灌木丛中，以及村寨沟旁。分布于云南、贵州、广西、广东、海南、湖南、福建、江西等地，有驯化栽培。

三、栽培技术

1. 整地

粗叶榕喜温暖湿润的环境，因此园地宜选择土层深厚、肥沃、排水良好、富含腐殖质的向阳坡地。种植前进行翻耕，让其自然风化，翌年春天挖穴，穴的规格为30厘米 × 30厘米 × 25厘米。穴内施基肥。

2. 育苗

采用塑料袋育苗。首先用营养袋装好部分黄心土或经过消毒的细土，将插条插入营养袋，每袋1根插条，袋内填满细土后，成排放于荫棚内已整好的畦上，然后浇水，保持湿润，20天左右即可生根。

3. 定植

一般在春季2~3月进行种植。选择健壮无病虫害的幼苗，株行距为1米 × 1米。

4. 田间管理

及时补苗：定植后10天进行检查，如发现死亡缺株，应及时拔除，并补以适龄健康幼苗。

水分管理：旱时注意浇水，雨后及时排涝，保持土壤持水量25%左右。

合理追肥：每年追肥3次，分别在春、夏、冬季进行，可用复合肥混合沤制的花生麸兑水淋施。

5. 病虫害防治

粗叶榕抗病虫害能力强，一般不感病。偶发虫害主要有卷叶蛾和黏虫。卷叶蛾幼虫为害嫩芽和嫩叶，可在幼虫孵化后，用吡虫啉喷杀，并于冬季清除园内杂草、落叶，消灭越冬成虫，减少来年虫源。黏虫为害树梢及嫩枝，可用氯氰菊酯喷杀，每隔7天喷1次，连喷2~3次。

6. 采收

种植2~3年，即可采收。一般在秋冬季节进行，因粗叶榕的根多分布于地下30~50厘米，用小型挖机就可轻松挖起。

四、应用价值

1. 药用价值

根入药。全年均可采收，洗净，切片，晒干。性微温，味甘。有健脾补肺、行气利湿、舒筋活络之功效，用于脾虚浮肿、食少无力、肺痨咳嗽、盗汗、带下、产后无乳、风湿痹痛、水肿、肝硬化腹水、肝炎、跌打损伤。

2. 营养价值

根主要含有粗纤维、粗脂肪、粗蛋白、淀粉、总糖、氨基酸等营养成分。

五、膳食方法

采挖粗叶榕的根用来煲鸡、煲猪骨、煲猪脚作为保健汤饮用，其味道鲜美、气味芳香、营养丰富，有很好的保健作用。

1. 粗叶榕鸡汤

食材：鲜粗叶榕根、鸡、姜片、大枣。

做法：将粗叶榕根、鸡肉洗净，放入陶煲或砂锅中，先用大火烧开，再用文火煲 2 小时，食前加入少许食盐调味即可。如是干品要先泡水 30 分钟。

2. 粗叶榕排骨汤

材料：鲜粗叶榕、猪排骨。

做法：将粗叶榕洗干净，排骨洗干净过热水。一起在砂锅中先用大火烧开，再用小火煲两小时，放盐调味即可。如是干品要先泡水 30 分钟。

3. 粗叶榕焖猪脚

材料：粗叶榕根、猪脚、生姜。

做法：将猪脚洗净切小块，焯水，捞起沥干。倒入用生粉、食盐、老抽和料酒调成的配料，抓匀，腌制 30 分钟后，用清水冲洗。把生姜、粗叶榕根炒香后加入腌制过的猪脚，加入清水，先大火煮开，再改用小火焖 1 小时即可。

●学名●
Boehmeria nivea (L.) Hook. f. & Arn.

苎麻

别名： 白麻、白叶苎麻、半藤、大麻、箍骨散、果伴、家麻、家苎麻、苦麻、麻仔、青麻、山麻叶、山苎、天青地白、线麻、野麻、野线麻、野苎麻、野苧麻、油麻

科属： 荨麻科苎麻属

一、形态特征

亚灌木或灌木，高 0.5~1.5 米；茎上部与叶柄均密被开展的长硬毛和近开展、贴伏的短糙毛。叶互生；叶片草质，通常圆卵形或宽卵形，少数卵形，顶端骤尖，基部近截形或宽楔形，边缘在基部之上有牙齿，上面稍粗糙，疏被短伏毛，下面密被雪白色毡毛，侧脉约 3 对；托叶分生，钻状披针形，背面被毛。圆锥花序腋生，或植株上部的为雌性，其下的为雄性，或同一植株的全为雌性；雄团伞花序，有少数雄花；雌团伞花序，有多数密集的雌花。雄花：花被片 4 片，狭椭圆形，合生至中部，顶端急尖，外面有疏柔毛；雄蕊 4 枚；退化雌蕊狭倒卵球形，顶端有短柱头。雌花：花被椭圆形，顶端有 2~3 小齿，外面有短柔毛，果期菱状倒披针形；柱头丝形。瘦果近球形，光滑，基部突缩成细柄。花期 8~10 月。

二、生境分布

生于山谷林边或草坡。南起海南省，北至陕西省均有种植苎麻的历史，一般划分为长江流域麻区（包括湖南、四川、湖北、江西、安徽等）、华南麻区（包括广西、广东、福建、云南、台湾等）、黄河流域麻区（包括陕西、河南等省及山东南部）。其中长江流域麻区是中国的主要产麻区，其栽培面积、产量占全国总栽培面积及总产量的 90% 以上。

三、栽培技术

1. 整地

苎麻是喜温短日照植物，较适应种植在温带和亚热带气候地区，所以种植地最好选择背风向阳、排水良好地块。深耕，有利于苎麻根系的发展，有利于蓄水、蓄肥和加强抗风能力。栽麻时开好50厘米宽、16~20厘米深的畦沟，以利排灌。

2. 播种

苎麻播种时间在3月上旬至4月上旬。一般播种的发芽率在30%，每亩播种量在0.5千克左右，播种时用细泥或草木灰进行拌种播种。播种前浇一次透水，播种后覆盖一层细土和草木灰，再在上覆盖一层稻草和农作物秸秆，保温保湿。播种后保持土壤湿润，出苗后，随着幼苗的生长，逐渐揭除覆盖物，待幼苗长出6片真叶时即可全部揭除。

3. 田间管理

中耕除草：苎麻种植密度一般在每亩2000株左右，边栽边浇定根水，待麻苗定棵后，及时查苗补苗，施提苗肥，中耕除草松土。

水肥管理：在覆盖物揭除后，应常浇水保持土壤湿润，到3~4叶期可结合浇水适当地施肥，这时可以适量施加一些尿肥，每周一次，施加2~3次。当幼苗生长到20厘米左右时，这时就要施加提苗肥，促进幼苗快速生长，在60厘米左右时重视一次长秆肥，肥料一般以人畜粪尿、饼肥或尿素为主，一般每亩施加人畜粪尿农家肥1000千克、饼肥100千克、46%尿素20千克，在生长旺季可施加少量的硼肥，可增加产量。

4. 病虫害防治

苎麻的主要病害是青枯病和立枯病。防治方法：①水旱轮作，可以大量减少病菌数量。②化学防治，利用叶枯唑、噻菌铜、喹啉铜等农药交替使用。

苎麻主要虫害有夜蛾、金龟子、卷叶虫等。防治方法：①清除麻园四周杂草，减少虫源。②利用灯光诱杀，诱杀成虫有利于减少卵源基数，对诱杀夜蛾成虫的效果好。③利用幼虫3龄期前进行化学防治，可用吡虫啉水剂。

5. 采收

苎麻一年采收三次，头次采收在 5 月下旬或 6 月上旬，头麻采收要早，促使二麻早发，采收后重复以上的工作。二麻一般在 7 月下旬采收，三麻生长季节在夏末秋初，一般在 10 月下旬或 11 月上旬采收。

四、应用价值

1. 药用价值

苎麻叶入药。春、夏、秋季均可采收，鲜用或晒干。性寒，味甘。有凉血、止血、散瘀之功效，用于治咯血、吐血、血淋、尿血、肛门肿痛、赤白带下、跌扑瘀血、创伤出血、乳痈、丹毒。

2. 营养价值

苎麻的叶含有蛋白质、氨基酸、纤维素、果胶、脂肪、色素、矿物质等营养物质。

五、膳食方法

苎麻的嫩茎叶可以做汤，也可以做苎麻团。苎麻的根可以用来煲汤。

1. 苎麻团

食材：嫩苎麻叶、粳米粉、糯米粉。

做法：将苎麻嫩茎叶洗净，榨汁，放入粳米、糯米粉一起和匀，把它和成面团，做成团，放入蒸笼蒸熟即可。

2. 苎麻叶鸡蛋汤

食材：嫩苎麻叶、鸡蛋。

做法：将苎麻嫩茎叶洗净，榨汁，入锅煮开，打入鸡蛋，加少许调味料即可。

3. 苎麻根鲈鱼汤

食材：新鲜苎麻根、鲈鱼。

做法：将采挖新鲜苎麻根清水洗净，切小段，放入砂锅煮；鲈鱼杀好，洗净，切片，等砂锅中苎麻汤煮开再放入，煮至鲈鱼熟透即可。

蓼科

●学名●
Rumex japonicus Houtt.

别名： 金不换、牛大黄、牛舌大黄、牛舌头、土大黄、土当归、狭叶土大黄、蓄癣草、盐癣草、羊舌头、羊蹄叶、野菠菜、牛耳大黄、牛舌菜、日本羊蹄、羊蹄苗、羊蹄酸模、野大黄、皱叶酸模

科属： 蓼科酸模属

羊蹄

一、形态特征

一年生草本。茎直立，高 15~60 厘米，自中下部分，具深沟槽。茎下部叶披针形或披针状长圆形，顶端急尖，基部狭楔形，边缘微波状；托叶鞘膜，早落。花序圆锥状，具叶，花两性，多花轮生；花梗基部具关节；外花被椭圆形，内花被片果时增大，狭三角状卵形，顶端急尖，基部截形，边缘每边具 2~3 针刺，全部具长圆形小瘤。瘦果椭圆形，两端尖，具 3 锐棱，黄褐色，有光泽。花期 5~6 月，果期 6~7 月。

二、生境分布

生于山坡、林缘、沟边、田野和路旁等阴湿地。全国均有分布。

三、栽培技术

1. 选地

羊蹄适应性强，无病虫害，生长迅速，再生能力强，有较强的抗旱能力和耐贫瘠。还可以在水中生长，说明较为耐涝。因此，栽培上对土壤要求不高。

2. 整地

地块选好之后，深耕 20~30 厘米，施足基肥，主要以有机肥 500~1000 千克/亩或农家肥 2000 千克/亩作为基肥。整细耙平后，起高畦深沟，以便排灌。畦宽一般 1.1 米左右。

3. 繁殖

羊蹄的栽培可分为无性繁殖和有性繁殖。

无性繁殖：早春返青前，将粗大块根挖回来，切成 4~8 厘米长的根段。挖直径 30 厘米左右的穴放 1 千克腐熟的猪屎肥，其他熟肥也可，加土拌好，将切好的根段，横放穴内，也可头朝上立放，培土 4~5 厘米踩实。如果雨水调和，气温不低于 8℃，有 5~6 天即可出苗，经 15~20 天可长出 30~40 厘米高，每墩长出 5~12 个叶片。大面积栽种时其密度可由土壤情况决定，一般为 70 厘米×50 厘米、70 厘米×30 厘米，肥地宜稀，瘠地宜密。

有性繁殖：用种子播种。7 月中下旬，种子变红时采回，脱粒即可播种。穴种、条播、畦种均可。沟深一般 5~7 厘米，覆土 3~4 厘米厚，水分、温度适宜时，有 4~5 天即可出苗。

4. 水肥管理

羊蹄苗齐以后，要及时中耕除草一次，种子播种的要在 2~3 叶期间苗一次，4~6 叶期按要求株距定苗一次。苗高 30~40 厘米时培土一次，小苗发黄时要追肥一次，每亩追硝铵 7.5~10 千克，追肥后灌水一次。

5. 病虫害防治

物理防治：在蚜虫成虫发生期，用黄板诱杀成虫，每亩均匀插挂黄板 20 块，每月更换一次。

化学防治：防治蚜虫选用吡虫啉、啶虫脒。防治霜霉病用甲霜灵锰锌；防治枯萎病选用噁霉灵等。

6. 采收

羊蹄 3 月末至 4 月上中旬就开始发芽，生长迅速，在 4~6 月和 9~10 月间，如果肥、水充足，30~40 天即可刈割一次。

四、应用价值

1. 药用价值

全草入药。夏秋采收，晒干。性寒，味酸、苦。有凉血止血、泄热通便、利尿、杀虫之功效，用于治吐血、便血、月经过多、热痢、目赤、便秘、小便不通、淋浊、恶疮、疥癣、湿疹。

2. 营养价值

羊蹄的叶子含有蛋白质、维生素、脂肪、碳水化合物、氨基酸及磷、铁、钙、钾、镁等丰富的营养物质。

五、膳食方法

采嫩茎叶作为蔬菜食用。采摘后，用清水洗干净，然后放入开水中略微焯一下，捞出后可凉拌、炒菜。嫩茎叶味酸，可生食。

1. 凉拌羊蹄叶

食材：鲜嫩羊蹄茎叶。

做法：将羊蹄叶洗净，入沸水锅焯一下捞出，挤水，切段放入盘内，加入精盐、味精、酱油、白糖、麻油，拌匀即成。

2. 羊蹄炒肉丝

食材：鲜嫩羊蹄茎叶、猪瘦肉。

做法：将羊蹄叶洗净，焯水捞出，切段备用；猪瘦肉切丝炒熟，加入备好羊蹄叶及调味料，翻炒出锅。

●学名●
Reynoutria japonica Houtt.

虎杖

别名： 川筋龙、酸汤杆、花斑竹根、斑庄根、大接骨、大叶蛇总管、酸桶芦、酸筒杆、酸筒梗、花斑竹、活血丹、活血龙、九龙根、酸筒秆、阴阳莲

科属： 蓼科虎杖属

一、形态特征

多年生草本。根状茎粗壮，横走。茎直立，高 1~2 米，粗壮，空心，具明显的纵棱，具小突起，无毛，散生红色或紫红斑点。叶宽卵形或卵状椭圆形，

近革质，顶端渐尖，基部宽楔形、截形或近圆形，边缘全缘，疏生小突起，两面无毛，沿叶脉具小突起；叶柄具小突起；托叶鞘膜质，偏斜，褐色，具纵脉，无毛，顶端截形，无缘毛，常破裂，早落。花单性，雌雄异株，花序圆锥状，长 3~8 厘米，腋生；苞片漏斗状，顶端渐尖，无缘毛，每苞内具 2~4 花；花梗中下部具关节；花被 5 深裂，淡绿色，雄花花被片具绿色中脉，无翅，雄蕊 8 枚，比花被长，雌花花被片外面 3 片背部具翅，果时增大，翅扩展下延，花柱 3 个，柱头流苏状。瘦果卵形，具 3 棱，黑褐色，有光泽，包于宿存花被内。花期 8~9 月，果期 9~10 月。

二、生境分布

生于山坡灌丛、山谷、路旁、田边湿地，海拔 140~2000 米。分布于陕西南部、甘肃南部、华东、华中、华南、四川、云南及贵州。

三、栽培技术

1. 整地

虎杖喜温暖、湿润性气候，对土壤要求不十分严格。种植在肥沃土壤中 2 年就可采收，否则需要 3~4 年才能采收。先翻耕土壤，深 20~25 厘米，除净较大的石块，每亩施入充分腐熟的厩肥 1500~2000 千克作为基肥，并与 5~10 厘米深的土层拌匀，做成高 15~20 厘米、宽 50~55 厘米的畦，耙平、耙细，两畦间留 30 厘米作业道。

2. 栽植

栽植时间分为秋栽和春栽，秋栽应在 10 月中下旬进行，春栽宜在 4 月中下旬进行。顺畦栽植 2 行，距畦边 10 厘米处开沟，沟深 10~12 厘米，沟底要平坦一些，行距 25 厘米。有芽和无芽的种栽要分开进行，因为它们的出苗期不一致。栽植时种栽与畦边成 30°~45° 角摆放，株距 15~20 厘米，带有根芽的种栽一反一正，这样做使植株生长有较大的空间。种栽摆放后，在其上面撒入以磷、钾肥为主的复合肥，每亩用量 20~25 千克，然后覆土 3~4 厘米厚，浇透水，水渗透后，再覆土 4~5 厘米厚，使 2 次覆土的厚度达到 8~10 厘米。秋栽时最好加盖覆盖物，

对种栽有一定的保护作用，春天返青前撒下，以提高地温，促进生长

3. 田间管理

幼苗出土后，随着气温不断升高，植株生长迅速，各类杂草也一样迅速生长，因此要结合除草适当松土。植株生长到一定的高度时，开始分枝、长叶，当枝繁叶茂后，即转为粗放型管理，随时拔除田间的大型杂草，如苋、藜等。秋季枯萎后将其割下来，顺便在畦面上加盖 2 厘米厚的腐熟厩肥，这样做能够增强对越冬芽的保护作用，同时对第二年的生长起到追肥的作用。以后每年重复上年的田间管理即可。

4. 病虫害防治

虎杖有较强的抗病虫害的能力，从未发现较为严重的病虫害，基本不需要任何防治。

5. 采收

用根茎繁殖的虎杖 2~3 年即可采收。采收的时间分为春、秋两季。春季采收宜在幼苗出土之前，秋季采收宜在植株枯萎之后。先将枯萎的植株割下来，再从一端用锹或机械挖出。要注意对根芽的保护，以便留做种栽用。

四、应用价值

1. 药用价值

嫩茎叶入药。春、秋二季采摘，洗净，切短段，晒干。性微寒，味苦，微涩。有祛风湿、解毒之功效，用于治疗风湿痛、湿热黄疸、带下、淋证、痈肿疮毒、水火烫伤、跌打损伤、瘀肿疼痛、癥瘕积聚、闭经、痛经、肺热咳嗽。

2. 营养成分

虎杖嫩茎叶可食部位含有粗纤维、蛋白质、胡萝卜素、维生素、草酸、铜、铁、锰、锌、钾等营养物质。

五、膳食方法

春季采摘虎杖的嫩茎叶可做蔬菜。在沸水中焯熟，然后冷水中浸泡一会儿以去除酸涩味，可凉拌、炒食，也可用来炖汤。

1. 凉拌虎杖芽

食材：鲜嫩虎杖茎叶。

做法：将鲜嫩虎杖茎叶洗净、切段，焯水，捞出去水；加入适量白糖、食盐等调味料，拌匀即可。

2. 虎杖炒三层肉

食材：鲜嫩虎杖芽、三层肉。

做法：将鲜嫩虎杖茎叶洗净、切段，焯水，捞出去水备用；三层肉洗净切片，下锅炒至金黄色，加入备好虎杖及调味料，翻炒出锅。

藜科

藜

●学名●
Chenopodium album L.

别名：灰菜、白藜、灰条菜、地肤子、粉条菜、粉仔菜、粉籽菜、灰藜、斗苋菜、灰灰菜、灰灰条、灰灰苋、灰蓼头草、灰条、灰条藜、灰条头、灰苋、灰苋菜、回回菜、鸡爪草、绿藜、落藜、刺藜、红藜

科属：藜科藜属

一、形态特征

一年生草本，高 30~100 厘米。茎直立，粗壮，具条棱及绿色或紫红色色条，多分枝；枝条斜升或开展。叶片菱状卵形至宽披针形，先端急尖或微钝，基部楔形至宽楔形，上面通常无粉，有时嫩叶的上面有紫红色粉，下面多少有粉，边缘具不整齐锯齿；叶柄与叶片近等长，或为叶片长度的 1/2。花两性，花簇于枝上部排列成或大或小的穗状圆锥状或圆锥状花序；花被裂片 5 片，宽卵形至椭圆形，背面具纵隆脊，有粉，先端或微凹，边缘膜质；雄蕊 5 个，花药伸出花被，柱头 2 个。种子横生，双凸镜状，边缘钝，黑色，有光泽，表面具浅沟纹；胚环形。花果期 5~10 月。

二、生境分布

生长于海拔 50~4200 米的农田、菜园、村舍附近或有轻度盐碱的土地上。全国各地均有分布，有驯化栽培。

三、栽培技术

1. 整畦

种植对土壤类型没有严格要求，种植前将地翻耕灭茬，用耙子耙净地里的残茬，亩施 2000 千克充分腐熟农家肥，把地整成 1.5 米宽的畦，打碎土块，使表皮土壤细碎疏松。

2. 播种

刚出芽或出土的幼苗很容易遭受地老虎等地下害虫危害，因此播种前要用辛硫磷进行土壤处理，一般每亩撒施 3%~5% 辛硫磷颗粒剂 1.5~2 千克。播种季节以春季较好，其他季节可按需进行。先将种子放在水里泡 1 天，泡好后种皮硬的种子可以放在潮湿的沙子里进行催芽，等种子发芽后再播种到土壤里。一般情况下都可以直接播种，既可采用撒播，也可采用条播。种子播完后，用扫帚顺畦向轻扫 1 遍，使种子落入土中，再将事先准备好的细土均匀撒在种子上面，盖土厚度为 3~4 毫米。播种后立即在畦面上均匀浇水，浇透为止，待 4~5 天就会出苗。

3. 田间管理

温度：藜是一种野菜，它对温度的适应性比较强，耐热性和耐寒性都比较好。一般来说，在 10~30℃之间，它的长势都会比较好。因而，除非是太恶劣的环境，否则就不用对温度进行调节。

光照：对日照有一定的要求，这样它的长势才会好，也会更旺盛。不过，它也比较耐阴。一般来说，将它放在半阴的地方，就可满足要求了，尽量避免太强烈的光。

浇水：耐旱性是比较不错的，但它比较怕涝。要保持基质湿润，但别积水。夏季的雨水会比较多，可稍微注意防涝、排涝。

施肥：适应性很强，对肥料的要求并不多。一般来说，只要土壤中有足量的养分即可，追肥不用太多。

4. 病虫害防治

病害：适应性比较强，同时也有很不错的抵抗能力，病害比较少。在环境恶劣的情况下，有可能也会发生，可及时将病株给拔掉。

虫害：害虫不是太多，可提前预防。

5. 采收

待苗高 8~10 厘米时可间隔采收幼苗的嫩茎叶。采收时，注意先采长势健旺的，至少给幼苗留 4~5 片叶，以利于发新梢，延长采收期。以后可 1 周左右采收 1 次。夏季采收的，除鲜食外，还可切段晒干食用。

四、应用价值

1.药用价值

全草入药。春、夏季割取全草，去杂质，鲜用或晒干备用。性平、味甘。有清热利湿、透疹之功效，用于风热感冒、痢疾、腹泻、龋齿痛，外用治皮肤瘙痒、麻疹不透。

2.营养价值

嫩茎叶含有蛋白质、脂肪、糖类、粗纤维、维生素、钙、铁、铜、钾、锌、镁等营养物质。

五、膳食方法

幼苗和嫩茎叶可食用，味道鲜美，口感柔嫩，营养丰富。

1.凉拌藜菜

食材：藜幼苗或嫩茎叶。

做法：将藜洗净，开水焯熟，捞进备好的凉开水冰一下，再捞出，用小磨香油和蒜汁凉拌即可。

2.香肠炒藜菜

食材：藜幼苗或嫩茎叶、香肠。

做法：将藜洗净；香肠切片，炒至打卷，再放藜和醋，炒熟即可。

3.藜菜蛋汤

食材：藜嫩茎叶、鸡蛋。

做法：将藜洗净，开水焯熟，捞出切细；入汤锅加水煮开，加入打好的鸡蛋，煮开放入调味即可。

●学名●
Celosia argentea L.

青葙

别名： 野鸡冠花、百日红、鸡公苋、鸡冠菜、鸡冠花、鸡冠花子、鸡冠头花、狼尾巴、狼尾巴棵、狼尾花、牛尾巴、花牛尾、千日红、青葙子、青箱、青箱子、土鸡冠、野鸡冠、白鸡冠花、青霜

科属： 苋科青葙属

一、形态特征

一年生草本，高 0.3~1 米，全体无毛；茎直立，有分枝，绿色或红色，具明显条纹。叶片矩圆披针形、披针形或披针状条形，少数卵状矩圆形，绿色常带红色，顶端急尖或渐尖，具小芒尖，基部渐狭；叶柄短或无叶柄。花多数，密生，在茎端或枝端成单一、无分枝的塔状或圆柱状穗状花序；苞片及小苞片披针形，白色，光亮，顶端渐尖，延长成细芒，具 1 中脉，在背部隆起；花被片矩圆状披针形，初为白色顶端带红色，或全部粉红色，后成白色，顶端渐尖，具 1 中脉，在背面凸起；花药紫色；子房有短柄，花柱紫色。胞果卵形，包裹在宿存花被片内。种子凸透镜状肾形。花期 5~8 月，果期 6~10 月。

二、生境分布

生于平原、田边、丘陵、山坡。分布于山东、江苏、安徽、浙江、福建、台湾、江西、湖北、湖南、广东、海南、广西、贵州、云南、四川、甘肃、陕西及河南等地区，有驯化栽培。

三、栽培技术

1. 整畦

青葙喜温暖，耐热不耐寒。种植地宜选地势平坦、排灌方便、杂草较少、疏松肥沃的壤土，结合翻耕每亩施充分腐熟的有机肥 400~500 千克，复合肥

15~20 千克，做到基肥充足，土肥交融。然后按畦面宽 1 米、畦高 20 厘米起畦，平整畦面，表土颗粒宜细小，以利种子发芽。

2. 播种

青葙的露地栽培宜在日平均温度 15℃以上播种。春播抽薹开花迟，生长期长，品质柔嫩，产量高；夏秋播种易抽薹开花，品质粗老，产量较低。春播 3~4 月，开 1.3 米的畦，条播，按行距 30 厘米开浅沟，把种子均匀撒在沟内，覆土 0.5 厘米厚，稍加镇压，浇水。每亩用种量 400 克左右。穴播，按行株距 25 厘米 ×25 厘米开穴，深 5~6 厘米，做到穴浅底平，施人畜粪水后，拌少量火灰，作成种子灰，匀撒穴里，再盖火灰一层。每亩用种量 300 克左右。

3. 田间管理

出苗前后要小水勤浇保持畦面湿润，待苗长至 2~3 片真叶后，根据生长情况追肥，一般追施速效氮肥 1~2 次，每次每亩随水冲施 46% 尿素 5 千克，以后每采收一次，每亩随水冲施 46% 尿素 8 千克或经腐熟的稀薄人粪尿 2000 千克。因青葙种植密度大，需水量较大，特别是在其生长旺盛时期，正值高温，应注意经常浇水，保持土壤湿润不见白为度，雨天则应及时排水，防渍害败根。

出苗后，中耕除草 3 次，第一次在苗高 4~7 厘米时，松土除草；第二次在苗高 17 厘米左右时，浅蓐除草，并进行匀苗、补苗，每穴苗 3~4 株；第三次在初现花时进行，结合培土，防止倒伏。在每次中耕除草后，结合追肥，施人粪尿、硫酸铵、过磷酸钙。

4. 病虫害防治

青葙抗病虫害强，管理比较粗放，一般不采取防治措施。

5. 采收

绿青葙在 3~6 月份播种的，生长期一般为 15~30 天，具 5~6 片叶时，可陆续间苗采收。第二次采收在株高 25 厘米左右，在基部留 10 厘米左右，采摘上部嫩梢，采摘后仍能抽生侧枝再采收，直至开花为止。其他月份播种的主要以采收大苗为主，采收标准是具 4~6 片叶、长 10~15 厘米的嫩茎。

四、应用价值

1. 药用价值

茎叶入药。夏季采收，晒干。性寒，味苦。有燥湿清热、杀虫止痒、凉血止血之功效，用于湿热带下、小便不利、尿浊、泄泻、阴痒、疮疥、风瘙身痒、痔疮、衄血、创伤出血。

2. 营养价值

青葙的嫩茎叶含有粗纤维、蛋白质、维生素、脂肪、钙、镁、铁、碳水化合物等营养元素。

五、膳食方法

采青葙的嫩苗、嫩叶、花序。于春、夏季采摘嫩茎叶，开水烫后漂去苦味，加调料凉拌或炒食。

1. 青葙肉丝蛋花汤

食材：青葙的嫩苗或嫩叶、鸡蛋、猪肉。

做法：将青葙的嫩苗或嫩叶洗净，焯水备用；猪肉切丝与姜片煮熟，加入青葙叶及盐先调味，倒入蛋液成熟蛋花后，淋上香油即可。

2. 凉拌青葙叶

食材：青葙的嫩苗或嫩叶。

做法：将青葙的嫩苗或嫩叶洗净，焯水备用；大蒜去皮拍碎，加入精盐、味精，捣成蒜泥，加香油与备好的青葙叶调拌均匀，即可食用。

●学名●
Amaranthus spinosus L.

刺苋

别名： 野刺苋、白刺苋、刺刺菜、刺苋菜、假苋菜、土苋菜、野刺苋、野刺苋菜、野簕刺苋、野苋菜、猪母刺、猪食菜、白骨刺苋、百刺花、刺苋芽、筋宽草、刺苋簕、乌苋、野刺花、野簕菜

科属： 苋科苋属

一、形态特征

一年生草本，高20~150厘米；茎直立，圆柱形或钝棱形，多分枝，有纵条纹，绿色或带紫色，无毛或稍有柔毛。叶片菱状卵形或卵状披针形，顶端圆钝，具微凸头，基部楔形，全缘，无毛或幼时沿叶脉稍有柔毛；叶柄无毛，在其旁有2刺。圆锥花序腋生及顶生，下部顶生花穗常全部为雄花；苞片在腋生花簇及顶生花穗的基部者变成尖锐直刺，在顶生花穗的上部者狭披针形，顶端急尖，具凸尖，中脉绿色；小苞片狭披针形；花被片绿色，顶端急尖，具凸尖，边缘透明，中脉绿色或带紫色，在雄花者矩圆形，在雌花者矩圆状匙形；雄蕊花丝略和花被片等长或较短；柱头3枚，有时2枚。胞果矩圆形。花期7~8月，果期8~9月。

二、生境分布

生长在旷野、园圃、农耕地及村舍附近。分布于福建、台湾、广西、广东、陕西、河北、北京、山东、河南、安徽、江苏、浙江、江西、湖南、湖北、四川、重庆、云南、贵州、海南、香港等地，有驯化栽培。

三、栽培技术

1. 整地

刺苋对土壤要求不严格，但以土壤疏松，肥沃，保肥、保水性能好为宜。每亩施入腐熟有机肥5000千克，25%复合肥50千克，精耕细作，做成畦宽

1~1.2 米，沟宽 0.3 米，沟深 0.15~0.20 米的高畦。

2. 育苗

在冬季、早春将浸泡过的种子捞出，用清水搓洗干净，沥净水分，用透气性良好的纱布包好，再用湿毛巾覆盖，放在 15~20℃ 条件下催芽，当有 30%~50% 的种子露白时，即可播种。其他季节采用直接播种的方式栽培。

每亩用种量 0.25~0.5 千克。可平畦撒播或条播，条播者春季可稍深、夏季宜浅，浅覆土，然后镇压，即可浇水，等待出苗。冬季、早春加盖薄层稻草保湿，再盖上一层地膜保温，大棚遮挡严实、升温。

3. 田间管理

冬季、早春出苗后揭开地膜和覆盖物，浇水后在大棚内再建小型拱棚，以利保温，在外界气温较低时，于傍晚在小棚上加盖一层草帘保温。夏季出苗后，及时加盖防晒网，采取早盖晚揭。

冬季、早春要经常保持土壤湿润，浇水要小水勤浇，尽量选择在晴天上午浇水，并在齐苗后浇施一次 0.2% 尿素水溶液，以后 7~10 天追施一次，促进生长。夏季适当加大浇水量，一般在早晨、傍晚浇水。除了施足基肥外，还要进行多次追肥，一般在幼苗有 2 片真叶时追第一次肥，过 10~12 天追第二次肥，以后每采收 1 次追肥 1 次。肥料种类以氮肥为主，每次每亩可施稀薄的人粪尿液 1500~2000 千克，加入 46% 尿素 5~10 千克。

及时进行人工除草。播后 7~10 天出苗，出苗前后应注意防治杂草，条播者可进行行间中耕除草。

4. 病虫害防治

农业防治：合理布局，一定时间内与其他作物或水稻轮作，清洁田园，降低病虫源数目，培育壮苗，提高抗逆性，增施有机肥，平衡施肥，少施化肥。恶劣天气喷施叶面肥。

物理防治：利用黄板诱杀蚜虫，黑光灯诱杀蛾类。

生物防治：利用天敌对付害虫，选择对天敌杀伤力低的农药，创造有利于天敌生存的环境。采用抗生素防治病害。

5. 采收

刺苋可以一次性采收，也可以多次采收。一次性采收在35天左右可以开始进行，先收大苗，一周后就可以再收余苗。如果要多次采收，可以在30天左右进行，从地面5厘米左右把刺苋割下，让其长出分枝，待下一次采收。

刺苋采收到不能采嫩茎叶时，就可以采收地下根茎。

四、应用价值

1. 药用价值

全草入药。夏，秋季采收，除去泥沙，晒干或趁鲜切段，晒干。性微寒，味甘。有清热利湿、解毒消肿、凉血止血之功效，用于痢疾、肠炎、胃及十二指肠溃疡出血、痔疮便血，外用治毒蛇咬伤、皮肤湿疹、疖肿脓疡。

2. 营养价值

嫩茎叶富含蛋白质、胡萝卜素、维生素、碳水化合物、矿物质等营养物质。

五、膳食方法

嫩茎叶作为蔬菜食用。

1. 刺苋炒肉

食材：刺苋嫩茎叶、猪肉。

做法：将刺苋嫩茎叶洗净，焯水备用；猪肉切片煸炒到干，加入料酒、葱、姜、精盐等调味料，煸炒至肉熟而入味，再放刺苋翻炒至入味，装盘即可。

2. 凉拌刺苋

食材：刺苋的嫩苗或嫩叶。

做法：将刺苋的嫩苗或嫩叶洗净，焯水备用；大蒜去皮拍碎，加入精盐、味精，捣成蒜泥，加香油与备好刺苋调拌均匀，即可食用。

3. 大肠刺苋汤

食材：刺苋的嫩苗或嫩叶、猪大肠。

做法：将刺苋的嫩苗或嫩叶、猪大肠洗净，一起煮30分钟，加点调味料即可。

●学名●
Tetragonia tetragonoides (Pall.) Kuntze

番杏

别名：新西兰菠菜、野菠菜、红茎番杏
科属：番杏科番杏属

一、形态特征

一年生或二年生肉质草本植物，无毛，表皮细胞内有针状结晶体，呈颗粒状凸起。茎粗肥；多分支，初直立，后平卧上升，高 40~60 厘米，淡绿色。叶片互生，卵状菱形或卵状三角形，钝头，边缘波状；叶柄肥粗。花单生或 2~3 朵簇生叶腋；花梗短小；裂片 3~5 片，常 4 片，内面黄绿色；雄蕊 4~13 枚。坚果陀螺形，具钝棱，有 4~5 角，附有宿存花被，具数颗种子。花果期 8~10 月。

二、生境分布

生于东南沿海海滩上。广东、福建、浙江、江苏、山东等地，有驯化栽培。

三、栽培技术

1. 整地

番杏适应性很强，耐低温、抗干旱，但地上部分不耐霜冻，生长发育适宜温度为 20~25℃。对光照条件要求不严格，在强光、弱光下均生长良好。园地选择排灌方便的沙壤土，种植前进行深耕，然后每亩施腐熟的有机肥 2500 千克，整平耙细后作畦面宽 1~1.2 米。

2. 育苗

番杏以种子繁殖，种皮较坚厚。自然条件下发芽期长达 15~90 天，因此播种前要进行预处理。第一种处理：将种子放在 45℃左右的温水中浸泡 1 天，然后再催芽播种。第二种处理：将种子打破，再进行泡水，播种。为了延长番杏的采摘时间，育苗最好选择温室或大棚进行，在育苗地做成 1.5 米宽的苗畦或

用穴盘育苗。每平方米施过筛的腐熟有机肥 8~10 千克，然后用四齿耙将苗床土和肥料充分混合均匀，苗畦整平后浇足底水，待水渗下后播种，每平方米播干种子约 50 克。然后，覆一层过筛的细土，厚约 1 厘米，最后压实。苗床内保持在日温 25℃左右，夜温 15℃以上。出苗后，降低室内温度，日温掌握在 20~22℃，夜温 12~15℃为宜。当幼苗长出 4~6 片真叶时，适当炼苗后，准备移栽。

3. 移栽

番杏生长期长，定植前应施足基肥，一般每亩施腐熟有机肥 2000 千克、速效氮肥 20 千克，将土壤深耕、耙细、整平，做成 1.5 米宽的平畦，按 30 厘米 ×50 厘米的株、行距定植，随定植、随浇水，定植水不宜过多。

4. 田间管理

浇水：番杏以嫩茎叶为产品，缺水时叶片变硬，故在生长期要经常浇水，保持土壤见干见湿，在雨季则要及时排水防涝，以免烂根。

施肥：番杏的生长期长，每次采收后都发生侧芽，需氮钾肥较多。因此，除在播种前土地施足基肥后，还应进行多次追肥，以提高产量。一般从播种至采收前，看生长势而追适量尿素和氯化钾，亩用 46% 尿素 10~15 千克、氯化钾 5~10 千克，释水施下。

中耕除草：定植后 1 周进行中耕除草 1 次，封行前再除草 1 次。植株封行后，要随时拔除杂草，免中耕。

适度整枝：番杏的侧枝萌发力强，尤其是在肥水充足时，采收幼嫩茎尖后，萌发更多。生长过旺时应剪去部分侧枝，使分布均匀，有利于通风透气和采光，减少病害。

5. 病虫害防治

菜青虫：菜青虫用 32% 的苏云金杆菌（BT）可湿性粉剂 2000 倍液。

枯萎病：枯萎病用 70% 甲基硫菌灵可湿性粉剂 800~1000 倍液，或 50% 多菌灵可湿性粉剂 800~1000 倍液灌根，每 5~7 天 1 次，连续灌根 2~3 次。

病毒病：发病早期用 20% 盐酸吗啉胍·乙酸铜（病毒 A）可湿性粉剂 500 倍液、植病灵 1000 倍液，或 5% 菌毒清可湿性粉剂 300~500 倍液防治，8~10 天 1 次，连喷 3~4 次。

6. 采收

当株高 20 厘米时，就可采收嫩尖，侧枝 10~15 天就会生长出来。露地栽培，番杏的老叶子特别粗糙，没有滑嫩的感觉，因而采收时需要特别注意。保障地栽因光照弱，而品质较嫩，收获嫩茎尖可长一部分。

四、应用价值

1. 药用价值

全草入药，春夏采收。性平，味甘、微辛。有清热解毒、祛风消肿之功效，用于泄泻、败血症、疔疮红肿、风热目赤、胃癌、食道癌、宫颈癌。

2. 营养价值

番杏含丰富的粗蛋白质、纤维素、脂肪、还原糖、胡萝卜素、铁、钙、维生素 A 和各种维生素 B 等。

五、膳食方法

番杏的嫩茎尖和嫩叶为特菜，可炒食、凉拌或做汤，还可与粳米煮成番杏粥。

1. 凉拌番杏

食材：新鲜番杏的嫩茎尖或嫩叶。

做法：将新鲜番杏的嫩茎尖或嫩叶洗净，用开水焯过后，加入醋和蒜等调味料，拌均即可。

2. 番杏皮蛋瘦肉汤

食材：新鲜番杏的嫩茎尖或嫩叶、皮蛋、猪瘦肉。

做法：将新鲜番杏的嫩茎尖或嫩叶洗净，用开水焯过后备用；将皮蛋剥好切小块，猪瘦肉切丝一起放汤锅里煮出味，再加备好的番杏，点放调味料即可。

3. 素炒番杏

食材：新鲜番杏的嫩茎尖、精盐、味精、葱花、姜片、蒜末、植物油。

做法：将番杏洗净，沥干水分备用；炒锅上火，加油烧热，放入葱花、姜片煸出香味，下番杏迅速翻炒至菜色改变，加入精盐、味精，撒上蒜末，即可出锅。

马齿苋科

●学名●
Portulaca oleracea Linn.

马齿苋

别名: 母猪菜、长寿菜、马齿菜、安乐菜、长命菜、豆瓣菜、马齿、马齿草、马粪苋、马蜂菜、马马菜、马舌菜、酸菜、酸溜溜、酸米菜、酸甜菜、五行菜、五行草、猪长草、猪母乳、猪母、酸猪母苋

科属: 马齿苋科马齿苋属

一、形态特征

一年生肉质草本,全株无毛。茎平卧或斜倚,伏地铺散,多分枝,圆柱形,淡绿色或带暗红色。茎紫红色,叶互生,有时近对生,叶片扁平,肥厚,倒卵形,似马齿状,顶端圆钝或平截,有时微凹,基部楔形,全缘,上面暗绿色,下面淡绿色或带暗红色,中脉微隆起;叶柄粗短。花无梗,常3~5朵簇生枝端,午时盛开;苞片2~6片,叶状,膜质,近轮生;萼片2片,对生,绿色,盔形,左右压扁,顶端急尖,背部具龙骨状凸起,基部合生;花瓣5片,稀4片,黄色,倒卵形,长3~5毫米,顶端微凹,基部合生;雄蕊通常8枚,或更多,花药黄色;子房无毛,花柱比雄蕊稍长,柱头4~6裂,线形。蒴果卵球形,盖裂;种子细小,多数偏斜球形,黑褐色,有光泽,具小疣状凸起。花期5~8月,果期6~9月。

二、生境分布

生于菜园、田野路边及庭园废墟。中国南北各地均有分布,有驯化栽培。

三、栽培技术

1. 整地

马齿苋性喜高湿,耐旱、耐涝,具向阳性,生存力极强;喜肥沃土壤,适宜在各种田地和坡地栽培,以中性和弱酸性土壤较好。园地要选择疏松肥沃、地势较高的沙壤土,中性或弱酸性的土壤为好。一般每亩施入充分腐熟厩肥

1500 千克左右。冬前深耕,春后细作,耕翻深度 15~20 厘米,畦面要做到平整、松软、土粒细小,畦宽 1~1.2 米,畦沟深 30~40 厘米,为大面积丰产创造条件。

2. 育苗

从春季可以一直栽种到秋季,春播的品质细嫩,商品性好。马齿苋发芽的下限温度一般为 18℃,最适宜生长温度为 20~30℃。一般春播在 4 月中下旬,当气温超过 20℃时或者土层温度 12℃以上,可分期进行播种,秋播在 10 月中下旬进行;还可用保护地进行育苗后移栽,可提前上市,大棚栽培可进行周年生产。

播种:播前,畦面开宽 21~25 厘米、深 2~3 厘米的两条浅沟,将种子拌细土或沙子条播于种植沟内,也可撒播于畦面上。播后轻耙表土,保持土壤湿润,如土壤干燥,可用洒水壶略喷湿畦面。通常每亩撒播用种 700~800 克,条播用种 500~600 克。一般 8 天左右可出苗。

扦插:扦插繁殖一般在春末或夏初,从野生苗或人工种植苗的未开花结子、发枝多、长势强的植株上选取插穗。每段留有 3~5 个节,插穗插入土壤深 3 厘米左右,株行距 10 厘米 ×5 厘米,选择在阴雨天气或晴天傍晚前后进行扦插。若土壤水分不足,应在傍晚进行浇水,7 天后即可成活。

3. 加强田间管理

间苗定苗。直播的 9~10 天就可出苗,幼苗长到 3~4 厘米高时便开始间苗、定苗;撒播的株行距为 5 厘米 ×15 厘米,条播的株距为 10~12 厘米;扦插的应查苗、补缺;育苗的当苗高 5 厘米以上时,就能够移栽。

浇水追肥。马齿苋对水分要求不高,如遇大旱,应及时浇水;在生产过程中,根据苗情及采收要求进行追肥,一般第一茬不需追肥,以后每采收 1 次追施速效氮肥尿素 300 倍液,每亩每次用尿素 4~5 千克;施肥的时候,加一些农家肥更好,促进茎叶肥嫩粗大,增加产量,延缓生殖生长,改善品质。

及时摘蕾。进入 6 月份以后,开始现蕾开花,应及早将花蕾进行摘除,达到提高产量,改善品质,促进新枝萌发快长。

4. 病虫害防治

马齿苋生长期间,极少发生病虫害,苗期及移栽时要注意防治立枯病和猝倒病等。

5. 采收

马齿苋是一次播种多次采收。采摘应在花前，以保持茎叶鲜嫩，新长出的小叶是最佳的食用部分。嫩茎的顶端可连续掐取，掐取中上部，留茎基部抽生新芽使植株继续生长，直至霜降。

四、应用价值

1. 药用价值

干燥地上部分入药。全年采收，除去杂质，洗净，稍润，切段，干燥。性寒，味酸。有清热解毒、凉血止血、止痢之功效，用于热毒血痢、痈肿疔疮、湿疹、丹毒、蛇虫咬伤、便血、痔血、崩漏下血。

2. 营养价值

马齿苋嫩茎叶含有蛋白质、脂肪、碳水化合物、膳食纤维、钙、磷、铁、铜、胡萝卜素、维生素 B_1、维生素 B_2、维生素 C 等多种营养成分。

五、膳食方法

马齿苋的嫩茎叶可做食材，加于佐料和调味品，做凉菜吃，味道鲜美，滑润可口。也可烙饼，做馅蒸食，别有一番滋味。

1. 凉拌马齿苋

食材：新鲜马齿苋的嫩茎叶。

做法：将采好的新鲜马齿苋的嫩茎叶洗净，在焯煮马齿苋时，加点盐和油，捞出来放凉白开水中浸泡降温，再沥干水分装盘；用芝麻酱 3 勺，酱油 3 勺，醋 1 勺，香油半勺，凉白开 1 勺，味精和白糖少许，调匀，淋入备好的马齿苋拌匀即可。喜欢辣味的也可以撒上小米辣。

2. 蒜香马齿苋

食材：新鲜马齿苋的嫩茎叶、独蒜、食用油。

做法：新鲜马齿苋洗净、掐段；独蒜去皮、切细粒；锅中油热，爆香蒜粒；倒入马齿苋，加入盐，炒至断生即可装盘。

3.马齿苋粥

食材：新鲜马齿苋的嫩茎叶。

做法：将马齿苋去杂洗净，入沸水中焯片刻，捞出洗去黏液，切碎；油锅烧热，放入葱花煸香，再投马齿苋，加精盐炒至入味，出锅待用。最后将马齿苋和米熬成粥。

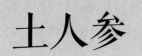

●学名●
Talinum paniculatum (Jacq.) Gaertn.

土人参

别名： 栌兰、飞来参、波世兰、参草、草人参、申时花、水人参、桃参、土高丽、土高丽参、土洋参、瓦参、洋参、野东洋参、煮饭花、锥花土人参、紫人参、土参、土红参、玉参

科属： 马齿苋科土人参属

一、形态特征

多年生草本。茎直立，肉质，基部近木质，多少分枝，圆柱形，有时具槽。叶互生或近对生，具短柄或近无柄，叶片稍肉质，倒卵形或倒卵状长椭圆形，顶端急尖，有时微凹，具短尖头，基部狭楔形，全缘。圆锥花序顶生或腋生，较大形，常二叉状分枝，具长花序梗；花小；总苞片绿色或近红色，圆形，顶端圆钝；苞片 2 片，膜质，披针形，顶端急尖；萼片卵形，紫红色，早落；花瓣粉红色或淡紫红色，长椭圆形、倒卵形或椭圆形，顶端圆钝，稀微凹；雄蕊 10~20 枚，比花瓣短；花柱线形，基部具关节；柱头 3 裂，稍开展；子房卵球形。蒴果近球形，直径约 4 毫米，3 瓣裂，坚纸质；种子多数，扁圆形，黑褐色或黑色，有光泽。花期 6~8 月，果期 9~11 月。

二、生境分布

生于阴湿地，常见于老房子周边。长江以南均有分布，有驯化栽培。

三、栽培技术

1. 整地

土人参喜欢温暖湿润的气候，耐高温高湿，不耐寒冷。园地宜选择肥沃、易灌易排的沙壤土种植。每亩施腐熟堆厩肥 2000 千克，深耕 15 厘米，做宽 1.2~1.5 米包沟的畦，畦面要求做到细碎松平。直播以条播为好，条播行距 25 厘米左右，开浅沟。按行距 25~30 厘米、株距 25 厘米定植，每亩栽 5000 株左右。

2. 育苗

一般采用种子繁殖，每亩用种量约 50 克。春季育苗移栽，1 份种子掺入 10 份细沙或草木灰，均匀撒播于苗床，覆盖地膜、小拱棚，保温保湿，苗龄 30~40 天，幼苗 3~4 片真叶时可移栽定植。

3. 田间管理

肥水管理：土人参喜湿润的土壤，但不耐涝，一般晴天每隔 3~5 天浇 1 次水，雨季及时排除积水。温室栽培原则是见干才浇水，浇水宜在晴天上午进行，以利排湿，减少病害的发生。定植缓苗后施 1 次稀薄腐熟人粪尿水（如沼气液肥），粪水比按 1 : 5 的比例稀释后淋施；或施速效氮肥，每亩施 46% 尿素 5 千克。每次采收嫩茎叶后，追施 1 次稀薄人畜粪肥，亩施 1000 千克；或进行叶面喷肥，可用 0.5% 尿素 +0.2% 磷酸二氢钾水溶液喷洒。

中耕除草和整枝：缓苗后及时中耕除草，以后视田间生长情况，每隔 20 天左右人工除草 1 次，保持田间清洁。需要矮化的植株，可在株高 10 厘米时把生长点摘除，待长出第一级分枝达到采收长度时再摘尖矮化。如直播田还要适度间苗。

4. 病虫害防治

土人参很少发生病虫害，可以不使用农药及化学肥料，生产出无污染的绿色蔬菜。有蚜虫发生时，可用吡虫啉、啶虫脒防治。物理方法就是用自制高浓度的辣椒水喷洒。

5. 采收

土人参食用部位为其嫩梢、嫩叶、嫩苗及其肉质主根。从春季到秋季均可采集嫩苗、嫩梢和嫩叶食用。采收肉质根夏末初秋可采挖肉质根，将根部挖出后洗净，除去泥沙，然后刮去表皮，蒸熟晒干即可。

四、应用价值

1. 药用价值

叶入药。夏秋季采收，洗净，鲜用或晒干。性平、味甘。有通乳汁，消肿毒之功效。用于乳汁不足，痈肿疔毒。

2. 营养价值

土人参叶含有粗纤维、脂肪、蛋白质、还原糖、多种氨基酸、维生素 C、钙、铁、锌、硒、镁、锰等营养物质。

五、膳食方法

土人参的嫩茎叶是一种野特菜，品质脆嫩、爽滑可口，可炒食或做汤。肉质根可凉拌，宜与肉类炖汤，药膳两用。

1. 土人参叶鸡蛋汤

食材：新鲜的土人参叶、鸡蛋、油、姜、盐。

做法：土人参叶泡水，洗净控水备用。鸡蛋打散后备用。锅烧热，加入适量油，将姜丝爆香，放入土人参叶片，快炒两下，再加入适量的水，水烧开后，放入鸡蛋液，起了蛋花后，加入少量盐翻炒起锅。

2. 素炒土人参叶

食材：新鲜的土人参叶、姜片、麻油。

做法：将洗净的土人参叶入滚水焯烫迅速捞起。麻油爆香姜片，下入参叶。加调味料快速拌炒起锅。

3. 凉拌土人参叶

食材：新鲜的土人参叶、芝麻酱、酱油、香油。

做法：将采好的新鲜土人参的嫩茎叶洗净，将焯熟的土人参叶沥干水分装盘；用芝麻酱、酱油、醋、香油、味精和白糖调好酱汁，淋入装盘的土人参叶拌匀即可。

落葵科

●学名●
Anredera cordifolia (Tenore) Steenis

落葵薯

别名：土田七、藤三七、金钱珠、九头三七、马德拉藤、软浆七、藤七、土三七、细枝落葵薯、小年药、心叶落葵薯、洋落葵、中枝莲、软浆叶

科属：落葵科落葵薯属

一、形态特征

多年缠绕藤本，长可达数米。根状茎粗壮。叶具短柄，叶片卵形至近圆形，顶端急尖，基部圆形或心形，稍肉质，腋生小块茎（珠芽）。总状花序具多花，花序轴纤细，下垂；苞片狭，不超过花梗长度，宿存；花托顶端杯状，花常由此脱落；下面1对小苞片宿存，宽三角形，急尖，透明，上面1对小苞片淡绿色，比花被短，宽椭圆形至近圆形；花被片白色，渐变黑，开花时张开，卵形、长圆形至椭圆形，顶端钝圆；雄蕊白色，花丝顶端在芽中反折，开花时伸出花外；花柱白色，分裂成3个柱头臂，每臂具1棍棒状或宽椭圆形柱头。果实、种子未见。花期6~10月。

二、生境分布

生长在沟谷边、河岸岩石上、村旁墙垣、荒地或灌丛中。分布于江苏、浙江、福建、广东、四川、云南、台湾、江西、广西、贵州、重庆、湖北、湖南、北京等地，部分地区有栽培。

三、栽培技术

1. 整地

落葵薯喜潮湿、光照充足的环境。园地土壤翻耕深20~30厘米，耙细整平，按畦面宽1.2米开沟，沟宽30厘米左右，深25厘米左右，施足基肥，按每亩撒施腐熟细碎农家肥5000千克左右。尽量不施化肥，以确保产品质量。

2. 育苗

取一年生以上枝条，剪成长度 15 厘米左右，每个枝上保留节位 2~3 个，有利于发芽。将枝条插入土中 4~5 厘米，顺着叶片的生长方向插入，不能倒插，枝条间应保持一定的间隔，有利于发根生长，浇一次透水。扦插后，最好搭棚，并覆膜保温，以利于落葵薯的成活与生长。

3. 定植

按株距 35~45 厘米，行距 1 米定植，每亩栽苗 1500~1800 株。一般采用挖穴栽苗，移栽后将土回填穴内，踩紧，秧苗扶正，再浇定根水。

4. 田间管理

水分管理：落葵薯在生长过程中水分需求量大。高温季节需要及时浇水，保持土壤湿润。生长期间需要浇水 3~4 次，以满足生长发育的需要。在雨水较多的季节，应及时排水，防止积水，以免影响根系生长。

肥料管理：落葵薯除了栽培时施足基肥外，需要及时追肥。生长期间氮肥要充足，磷、钾肥适量。一般每采收 1~2 次，追肥 1 次。另外，要及时拔除杂草和中耕培土，增强土壤的透气性。

植株调整：落葵薯生长旺盛，分枝较多，茎蔓重叠交错，在生产过程中，必须采取整枝、修剪、摘心、摘花序等措施控制落葵薯的生长发育。一般爬地栽培在蔓长 35~45 厘米时，去掉生长点，有利于促发新梢、叶片增大增厚。随着茎蔓的伸长生长，再进行打顶。进入秋季后，及时剪除地上部的老茎蔓，有利于落葵薯植株的复壮。搭架栽培在秋季要及时摘除花序。通过整枝、摘心、摘花序后，有利于叶片肥厚而柔嫩、新梢发育粗壮，使产量和品质进一步提高。

5. 病虫防治

褐斑病：被害叶片上病斑近圆形，边缘近紫红色，边界清晰，易穿孔，严重时病斑密布，不能食用。防治方法：①适当密植，注意通风，控制浇水量；②喷施植宝素 7500 倍液，促使植株早生快发；③发病初期喷施 75% 百菌清可湿性粉剂 1000 倍液。

蛇眼病：主要为害叶片，造成叶片穿孔，发病时间较长，对产量和品质影响较大，需要及时防治。主要防治措施是搞好田间培管，合理密植，覆盖遮阳网，及时浇水保持田间湿润，多施腐熟的有机肥，少施氮肥。在发病初期及时用斑即脱等药剂进行防治。

主要虫害有斜纹夜蛾、甜菜夜蛾等。防治方法：糖醋酒液是按照糖、醋、酒、水的重量3：4：1：2的比例配制而成的，为了增强杀虫效果，可以在混合液中加入少量农药，如敌百虫等。配制好了以后，装入盆钵里，放在田间，这样可以诱杀大量甜菜夜蛾、斜纹夜蛾成虫，10天左右调换1次糖醋诱液。

6. 采收

落葵薯是一次种植、多年收获的特色蔬菜，其产品为嫩梢或成长的叶片。嫩梢12~15厘米时可采收。

四、应用价值

1. 药用价值

叶入药。全年可采，鲜用或晒干。性温、味微苦。有滋补强壮、散瘀止痛、除风祛湿、降低血脂、血压、补血活血之功效，用于腰膝酸软、病后体弱、跌打损伤。

2. 营养价值

叶中的营养成分比较丰富，主要以蛋白质、碳水化合物、维生素和胡萝卜素为主，同时也含有氨基酸、铁、钙、锌等。

五、膳食方法

落葵薯的鲜叶可制作多种菜肴，可炒、凉拌、做汤等。

1. 落葵薯叶炒肉

食材：鲜落葵薯叶或嫩茎、猪肉。

做法：肉片加淀粉、酱油、料酒搅拌均匀后放置10分钟左右，油热后入锅翻炒，待肉快熟时放入切好的落葵薯，加适量的盐，翻炒几下即可。

2. 清炒落葵薯叶

食材：鲜落葵薯叶或嫩茎。

做法：将落葵薯的叶片、枝茎洗净控水，炒锅入油烧热，放入剁碎的蒜蓉炒香后将以上食材放入锅中快炒一两分钟即可出锅。

3. 落葵薯叶煎蛋

食材：鲜落葵薯叶或嫩茎、鸡蛋。

做法：落葵薯叶片洗净剁碎后与打散后的鸡蛋一起搅拌均匀，再加入少量的盐稍搅拌。炒锅烧热后倒入少量的油，将以上搅拌好的汁液入锅煎至两面金黄即可食用。

●学名●
Cardamine occulta Hornem.

碎米荠

别名：小花碎米荠、弯曲碎米荠
科属：十字花科碎米荠属

一、形态特征

一年生草本，高 15~35 厘米。根细长，侧根多而细。茎直立或斜升，多分枝，下部有时带淡紫色，密被白色粗毛，上部毛较少。奇数羽状复叶；基生叶具柄；顶生小叶肾形或肾圆形，边缘波状浅裂，小叶柄明显；侧生小叶卵圆形；茎生叶具短柄，生于茎下部的通常与基生叶相似，茎上部的顶生小叶菱状长卵形，无小叶柄，侧生小叶卵形，基部渐狭，全部小叶两面多少被疏柔毛。总状花序顶生或近顶腋生；花白色；萼片长椭圆形，边缘膜质，外面有疏毛；花瓣长圆形；雄蕊有 6 个，4 长 2 短，花丝稍扩大；雌蕊 1 个，子房柱状，花柱极短，柱头圆柱形，与花瓣近等长。长角果线形而稍扁，无毛。果梗纤细；种子长方形，每室 1 行，褐色。花期 2~4 月，果期 3~5 月。

二、生境分布

多生于山坡、路边、田边、水沟边、菜园及房前屋后。全国各地均有分布，有驯化栽培。

三、栽培技术

1. 整地

碎米荠喜欢偏碱的疏松的土壤。喜欢露地栽培，当气温在 15~25℃时，开始整地。在整地时应多施优质腐熟粪肥或优质腐熟厩肥和一定量的化肥，深翻后，整细耙平，土壤颗粒要细而均匀。

2. 育苗

将碎米荠种子用水浸泡 1 昼夜后，用纱布包住种子每天冲洗 1 次，冲洗后，将种子摊开放在阴凉处保持湿润催芽。3 天后播入穴盘内，5 天后种子逐渐萌发，1 个月后即可移栽。幼苗生长稍慢，管理无特殊要求，最好保持环境温度在 15~25℃，并注意防止跳甲为害发生。采用穴盘育苗，集中管理，有利于控温和控湿，这样既可以提早出苗时间，又可以提高幼苗质量。

3. 移栽

一般株行距约为 10 厘米 × 20 厘米。移栽后浇透水，以利于幼苗成活。

4. 田间管理

碎米荠属于耐冷性植物，喜冷凉气候。露地栽培，几乎不需要过多管理，但越冬时植株老叶可能会出现干枯或死亡现象，且生长极慢，如有条件可覆薄膜保温以促进生长，提早上市时间。

大棚栽培，棚内条件容易控制，入冬以后大棚内温度保持在 15℃ 以上碎米荠就能旺盛生长。如果大棚内温度超过 28℃，要注意通风换气。碎米荠因其生长期稍长，根系分布浅，故生长期间须保持肥水充足。

5. 采收

大棚栽培，通常在移栽后 60 天左右即可分批采收。采收时将生长旺盛的植株先采，尽量采大留小以利增产增收。

四、应用价值

1. 药用价值

全草入药。2~5 月采收，鲜用或晒干。性平，味甘、淡。有祛风、清热、利尿、解毒之功效，用于痢疾、泄泻、腹胀、带下病、乳糜尿、外伤出血。

2. 营养价值

碎米荠含有蛋白质、脂肪、碳水化合物、多种维生素及多种矿物质等。

五、膳食方法

碎米荠嫩茎叶作为蔬菜食用，可凉拌、炒食、煮粥、做汤、腌制、晾干菜、做馅等。

1. 碎米荠鸡蛋汤

食材：碎米荠嫩茎叶、鸡蛋、精盐、味精、葱丝。

做法：将碎米荠选择性洗净，切段；将鸡蛋打入碗中，搅拌均匀。将勺子放在火上，用色拉油加热，放入葱丝翻炒，放入碎米荠翻炒，加入精盐翻炒至入味，备用。大火翻炒，加水烧开，加入味精，盛于汤碗中。

2. 凉拌碎米荠

配料：碎米荠嫩茎叶、精盐、味精、酱油。

做法：将碎米荠洗净，放入沸水中焯一下，捞出，用冷水冷却，捞出，挤出水分，切成段，放入盘中，加入精盐、味精、酱油、香油，拌匀。

●学名●
Capsella bursa-pastoris (L.) Medik.

别名：荠菜花、地米菜、荠菜、地明菜、地母菜、芨荠、鸡脚菜、鸡翼菜、芥、净肠草、辣菜、荠菜子、荠荠菜、荠实、三角菜、三角草、沙荠、野菜、野荠菜、地菜花、地米荠

科属：十字花科荠属

一、形态特征

一年或二年生草本，高 10~50 厘米，少毛；主根瘦长直下，白色。茎直立，下部有分枝。基生叶莲座状，丛生，大头羽状分裂，顶裂片卵形至长圆形，长侧裂片 3~8 对，长圆形至卵形，顶端渐尖，浅裂、或有不规则粗锯齿或近全缘；茎生叶窄披针形或披针形，基部箭形，抱茎，边缘有缺刻或锯齿。总状花序顶生及腋生；花梗较短；萼片长圆形；花瓣白色，卵形，有短爪。短角果倒三角形，扁平，无毛，顶端微凹，裂瓣具网脉；花柱短；果梗稍长。种子 2 行，长椭圆形，浅褐色。花果期 1~6 月。

二、生境分布

生长于山涧、田野、路边、菜园及房前屋后。全国各地均有分布和驯化栽培。

三、栽培技术

1. 整地

荠菜喜欢冷凉和晴朗的气候，耐寒性较强，对土壤的选择不严，但以肥沃、疏松的土壤生长最佳。选择草少的沙质土地块，深耕 20~30 厘米，施足基肥，主要以有机肥 500~1000 千克 / 亩或农家肥 1500 千克 / 亩作为基肥。整细耙平后，起高畦深沟，以便排灌。畦宽一般 1.1 米左右，每两畦开一条深沟。

2. 播种

春季栽培在 2~4 月下旬，夏季栽培在 7~8 月下旬，秋季栽培在 9~10 月上旬播种。每亩春播为 0.75~1 千克，夏播为 2~2.5 千克，秋播为 1~1.5 千克。

3. 水肥管理

出苗后除草 1~2 次，小草用手拔，大草用刀挑。

出苗后要加强肥水管理，春、夏播的生长期短，追肥一般 2 次；秋播的生长期长，追肥 4 次，每亩每次浇稀人畜粪尿 1500~2000 千克。

荠菜种植的密度大，需水也多，故要经常浇灌，以保持土壤湿润。夏、秋期间，在遇到雷阵雨后，如有泥浆溅在菜叶或菜心时，要于清晨或傍晚用喷壶将泥浆冲掉，否则影响生长及品质。

4. 病虫害防治

蚜虫是荠菜的主要害虫，应及时防治。生产上长期以来主要依靠化学农药进行防治，蚜虫对多种农药产生了抗药性，菜农应将各种药剂交替使用，达到更好的防治效果。可用的化学药剂有噻虫嗪、氟啶·啶虫脒、吡蚜噻虫嗪等。

防治炭疽病用戊唑醇、苯醚甲环唑、丙环唑。

5. 采收

春播和夏播的荠菜，从播种到采收，一般为 30~50 天，采收 1~2 次。秋播的荠菜是一次播种，多次采收，为提高产量，延长供应期，采收时做到细收勤收、密处多收、稀处少收，使留下的荠菜平衡生长。

四、应用价值

1. 药用价值

全草入药。3~5月采收，洗净，晒干。性凉，味甘、淡。有和脾、利水、止血、明目之功效，用于治痢疾、水肿、淋病、乳糜尿、吐血、便血、血崩、月经过多、目赤疼痛。

2. 营养价值

荠菜富含蛋白质、糖类、生物碱、纤维素、钾、镁、钠、锰、锌、铜等多种元素和人体所需的10余种氨基酸。

五、膳食方法

采摘幼苗及嫩茎叶作为蔬菜食用，可凉拌、炒食、作汤、作羹、作馅，如炒蛋、豆腐汤等，有清香味。

1. 荠菜煎蛋

食材：鲜荠菜、鸡蛋。

做法：荠菜洗净、切碎、焯水，打入鸡蛋，加少许盐搅拌均匀，置油锅中，煎熟即可。

2. 荠菜馄饨

食材：鲜荠菜、猪瘦肉。

做法：荠菜洗净、焯水，与猪瘦肉一起切碎，加入少许调味品搅拌均匀，包成馄饨，开水煮熟即可。

3. 荠菜拌豆腐

食材：鲜荠菜、水豆腐。

做法：水豆腐切小块，用开水略烫，捞出。荠菜用开水烫熟，凉后切成细末放在水豆腐上，加入麻油、精盐和味精，拌匀。

●学名●
Rorippa indica (L.) Hiern

蔊菜

别名： 印度蔊菜、野芥菜、菜子七、风花菜、干油菜、钢剪刀、鸡肉菜、鸡肉共、辣米菜、辣米共、山芥菜、水蔓菁、水芥菜、香芥菜、野菜子、野杠豆、野萝卜菜、野油菜、山蔊菜、水芥菜

科属： 十字花科蔊菜属

一、形态特征

一年生草本，高达 20~50 厘米，基部有毛或无毛。茎直立，有分枝，具纵条纹，有时带紫色。叶形变化大，基生叶和下部茎生叶卵形、椭圆状披针形或大头羽状分裂，顶端裂片卵圆形，侧生裂片长圆形，边缘有不规则浅齿裂或近全缘；叶柄基部扩大呈耳状抱茎，上部茎生叶向上渐小，多不分裂，狭长圆形或近披针形，顶端渐尖，基部抱茎，边缘常有锯齿，无柄。总状花序顶生，花小，黄色；花瓣匙形。长角果细圆柱形，斜上开展，有时稍内弯；种子 2 行，细小，卵形，褐色。花期 3~10 月。果实在花后逐渐成熟。

二、生境分布

生长在路旁、田边、园圃、河边、屋边墙脚及山坡路旁等较阴湿处。主要分布在福建、广东、山东、河南、江苏、浙江、台湾、湖南、江西、陕西、甘肃、四川、云南等地。

三、栽培技术

1. 整地

蔊菜为直根系植物，根系长达 20 厘米以上，有较强的抗旱能力和耐贫瘠。栽培上为了获得高产，应尽量选择深厚肥沃湿润的土壤种植。地块选好之后，深耕 20~30 厘米，施足基肥，主要以有机肥 500~1000 千克 / 亩或农家肥亩 2000

千克/亩作为基肥。整细耙平后，起高畦深沟，以便排灌。畦宽一般1.5米左右。

2.播种

南方全年均可栽培，其他地区可春、夏、秋或夏、秋栽培。每亩撒播或点播种子20~50克，因种子细小，播种时应将种子与重量300倍的细沙或100倍的草木灰混匀后再播，播后盖上遮光网，待出苗后再揭去遮光网。

3.水肥管理

种子未出苗前如遇干旱，必须及时浇水，保持畦面湿润。出苗后应及时除去杂草，并追施肥料，每亩用46%尿素7.5千克兑水150倍浇施。及时间苗，保持株行距为16厘米×15厘米，每亩留苗3.5万~4万株。每摘1次后，追施1次肥料。每亩每次用5千克46%尿素兑水150倍浇施。

4.病虫害防治

在蚜虫、粉虱、美洲斑潜蝇成虫发生期，用黄板诱杀成虫，用蓝板诱杀蓟马，每亩均匀插挂黄蓝板20块，黄蓝板应高出蔬菜30厘米，每月更换一次。使用苏云金杆菌（BT）防治菜青虫；防治蚜虫选用吡虫啉、啶虫脒；防治红蜘蛛、茶黄螨用炔螨特（克螨特）、阿维菌素等。

防治炭疽病用苯醚甲环唑、丙环唑；防治枯萎病选用噁霉灵。

5.采收

出苗后30~35天即可摘采嫩薹上市，一般每株重量20克左右，每根嫩薹高度为10~15厘米。可连续采摘3~4次。第一次采摘质量最好，以后逐渐降低。所以，根据管理水平，采摘3~5次后应拔除全株，重新整地播种。

四、应用价值

1.药用价值

全草入药。夏秋采收，晒干。性凉，味甘、淡。有清热解毒、镇咳、利尿之功效。用于感冒发热、咽喉肿痛、肺热咳嗽、慢性气管炎、肝炎、小便不利。

2.营养价值

蒪菜嫩幼苗含有丰富的脂肪、蛋白质、维生素、蒪菜素、胡萝卜素、蒪菜酰胺、磷、铁、钙等营养物质。

五、膳食方法

嫩茎叶作为蔬菜食用，清炒、凉拌、炒鸡蛋、蘸酱生吃、做汤。

1. 清炒葶菜

食材：鲜葶菜、干红辣椒。

做法：鲜葶菜洗净，切小段。先将适量食油煎沸，放入少许食盐及干红辣椒（或花椒），再将葶菜放入炒熟食。

2. 葶菜猪肺汤

食材：鲜葶菜、猪肺。

做法：把猪肺切片和葶菜洗净以后放入汤锅中，加入红枣和姜片再加入适量的清水，然后开火煮制，烧开以后煮制两小时，然后加入食用盐和鸡精进行调味，调匀以后直接出锅即可。

3. 葶菜炒瘦肉

食材：鲜葶菜、猪瘦肉、蒜丁、姜丝。

做法：把葶菜摘洗干净，切小段备用。猪瘦肉洗净切片。热油，放入蒜丁、姜丝煸香，加入瘦肉片炒熟，放葶菜翻炒至熟，点入调味即可。

●学名●
Rorippa globosa (Turcz.) Hayek

风花菜

别名： 球果葶菜、沼生葶、银条菜、荠菜、水芥头、水蔓菁、水蔓青、条菜、圆果葶菜、云南亚麻荠、沼生葶菜、风花葶菜、风花菜、球果菜、球果凤花菜、球花葶菜

科属： 十字花科葶菜属

一、形态特征

一或二年生直立粗壮草本，高 20~80 厘米，植株被白色硬毛或近无毛。茎单一，基部木质化，下部被白色长毛，上部近无毛分枝或不分枝。茎下部叶具柄，

上部叶无柄，叶片长圆形至倒卵状披针形。基部渐狭，下延成短耳状而半抱茎，边缘具不整齐粗齿，两面被疏毛，尤以叶脉为显。总状花序多数，呈圆锥花序式排列，果期伸长。花小，黄色，具细梗；萼片4片，长卵形，开展，基部等大，边缘膜质；花瓣4片，倒卵形，与萼片等长成稍短，基部渐狭成短爪；雄蕊6枚，近于等长。短角果实近球形，果瓣隆起，平滑无毛，有不明显网纹，顶端具宿存短花柱；果梗纤细，呈水平开展或稍向下弯。种子多数，淡褐色，极细小，扁卵形，一端微凹；子叶缘倚胚根。花期4~6月，果期7~9月。

二、生境分布

生长在河岸、湿地、路旁、沟边或草丛中，也生于干旱处。分布于黑龙江、吉林、辽宁、河北、山西、山东、安徽、江苏、浙江、湖北、湖南、江西、广东、广西、云南。

三、栽培技术

1. 整地

风花菜为直根系植物，根系发达，有较强的抗旱和耐贫瘠能力。地块选好之后，深耕20~30厘米，施足基肥，主要以有机肥500~1000千克/亩或农家肥亩2000千克/亩作为基肥。整细耙平后，起高畦深沟，以便排灌。畦宽一般1.5米左右。

2. 育苗

当年采收的风花菜种子不易发芽，需进行低温处理。可将种子用纱布包裹，在清水中浸泡半天，或用湿细沙拌匀置于2~10℃条件下，7~10天后播种，播后10~14天出苗。

3. 田间管理

中耕松土不仅可以消灭杂草，而且还能破除土壤板结，增强土壤通气水性能，提高土温，改善土壤的水、肥、气、热状况。早中耕松土就可迅速改变不良的环境条件，促进风花菜根系发育。第一次中耕要浅锄，主要是锄松根部周围的土壤，使根部通气良好，加速新根生长，中耕深度4~5厘米。第二次中耕可要深锄，使肥料掺入土中，并进行壅根培土。

早施提苗肥，保进根、叶生长。出苗后 20 天，每亩用人粪尿 500 千克或尿素 5 千克，兑水追施。第二次追肥在上次施肥半个月后进行，一般每亩用人粪尿 750~1000 千克或 46% 尿素 7.5 千克左右。在施肥过程中，要注意给小苗、弱苗多施些肥。

4. 病虫害防治

病害有霜霉病、白粉病。农业防治：合理轮作，发病重田块与大麦、小麦等禾本科作物轮作 2 年以上，或者水、旱轮作，减少土中孢子数，减轻发病；适期播种，控制播种密度，降低田间湿度；窄畦深沟，注意排渍；施足基肥，勤施苗肥，早施薹肥，注意氮磷钾肥的合理施用，提高植株抗病力。药剂防治：从苗期开始，病株率在 20% 以上时开始喷药防治，隔 7~10 天喷 1 次，连续喷施 2~3 次，喷药时注意叶片两侧均匀喷雾，注意药剂的交替使用。

虫害有蚜虫、潜叶蝇。防治方法：用阿维菌素和吡虫啉防治，还可用噻虫嗪喷雾防治。

5. 采收

春季采摘嫩芽、嫩茎叶，鲜用、盐渍。药用时 5~7 月采收，鲜用或晒干。

四、应用价值

1. 药用价值

全草入药。夏季采收，除去杂质，晒干，切段备用。性凉，味辛。有清热利尿、解毒消肿之功效，用于水肿、黄疸、淋病、腹水、咽痛、痈肿、烫火伤。

2. 营养价值

鲜嫩茎叶中含皂苷、抗坏血酸、碳水化合物、蛋白质、粗纤维、脂肪、硫胺素、核黄素及矿物质元素钾、钠、钙、镁、磷、铁等。

五、膳食方法

幼苗及嫩株可以食用，食用时可用沸水焯后炒食或凉拌，亦可配其他荤素菜一起炒食，类似荠菜的风味。

1. 凉拌风花菜

食材：风花菜、蒜泥、麻油。

做法：风花菜洗好，入沸水焯一下，取出过冷水降温，然后再取出去掉水分，加入适量的蒜泥和麻油，以及少量食用盐和醋，调匀以后即可食用。

2. 风花菜炒鸡蛋

食材：风花菜、鸡蛋。

做法：将风花菜洗好，切成碎末，然后放到碗中，加入四五个鸡蛋，调匀制成蛋液，炒锅中放油加热以后放入葱花，最后把蛋液倒入锅中炒散，加入少量食用盐调味，调匀以后直接取出装盘就能食用了。

3. 猪肚风花菜汤

食材：风花菜、猪肚、蜜枣。

做法：将风花菜洗好，去掉水分备用。把猪肚洗净，切成丝状，入沸水焯一会取出，加入蜜枣和小茴香等调味料煮制半小时左右，再加入风花菜一起煮制，最后加入精盐和香油调味，调匀以后就能取出食用。

●学名●
Phedimus aizoon (L.) 'Hart

费菜

别名：养心菜、救心菜、黄菜土、三七、景天三七、宽叶费菜、土三七、四季还阳、长生景天、金不换、田三七

科属：景天科费菜属

一、形态特征

多年生肉质草本。根状茎粗，内有木质，茎高 20~50 厘米，有分支，直立，无毛。叶互生，狭披针形、椭圆状披针形至卵状倒披针形，先端渐尖，基部楔形，边缘有不整齐的锯齿；叶坚实，近革质。聚伞花序有多花，水平分枝，平展，下托以苞叶。萼片 5 片，线形，肉质，不等长，先端钝；花瓣 5 片，黄色，长圆形至椭圆状披针形，有短尖；雄蕊 10 片，较花瓣短；鳞片 5 片，近正方形，心皮 5 片，卵状长圆形，基部合生，腹面凸出，花柱长钻形。蓇葖星芒状排列，长约 7 毫米；种子椭圆形。花期 6~7 月，果期 8~9 月。

二、生境分布

生长在山坡岩石上、荒地、老房屋周边。主要分布于福建、广东、四川、湖北、江西、安徽、浙江、江苏、青海、甘肃、内蒙古、宁夏、河南、山西、陕西、河北、山东、辽宁、吉林、黑龙江，有驯化栽培。

三、栽培技术

1. 整地

费菜对土壤要求不严，以排水好的沙质肥沃中性土壤长势最佳。每亩均匀撒施农家有机肥 3000 千克，及多元素复混肥 50 千克，深耕细耙。整成 1.2 米宽畦田，中间开垄沟，垄沟深 30 厘米。行距 25 厘米，穴距 15 厘米。

2. 育苗

播种育苗：4月下旬至5月中旬进行，每亩用种子50克，先在整好的苗床上浇透水，趁湿均匀撒种子，然后覆细土0.5厘米，搭塑料拱棚保温保湿，苗期白天气温达到35℃时要进行通风降温，一般15~20天出齐苗，当苗高5厘米时结合中耕除草，间去瘦弱苗，保持苗间距2~3厘米，并注重适量浇水，经常保持地表湿润。120天左右即可移栽定植。

扦插育苗：选地势高燥、排水良好的地块，温室扦插选择中后部地块，铺上10厘米厚的洁净过筛河沙或珍珠岩作为扦插基质。剪取枝条8~15厘米长，去掉基部叶片，50根扎成1把，基部浸泡于50毫克/千克的生根粉溶液中18小时；按株行距5厘米×5厘米密度插入苗床土3~5厘米深，浇1次透水，畦面搭小拱棚，覆盖遮阳网和塑料薄膜，进行保温保湿。7~10天可生根成活，25~30天即可移栽定植。整个生长期均适宜扦插。

3. 移栽定植

按行距25厘米开定植沟，沟内施入适量腐熟的厩肥1000千克/亩，按15厘米株距开定植穴，从苗床中带土起苗，每个定植穴栽入2~3株苗，栽入深度为5厘米左右，栽后浇足水分，然后覆细土稍作镇压。

4. 田间管理

定植前要施足底肥，定植后施肥要少施勤施，一般每月施1次粪水或随浇水施入化肥，每亩撒施46%尿素5千克，磷酸二氢钾3千克。越冬或返青前每亩施腐熟厩肥2000千克或复合肥50千克。

嫩枝生长20厘米左右时，即可采收蔬菜，每收割1茬要及时追肥1次，每亩撒施46%尿素5千克，磷酸二氢钾2千克，或每亩撒施草木灰100千克，浇或喷1次透水，使肥料充分溶解。以促进分枝，提高产量。费菜忌涝渍，浇水要遵循见干见湿原则，即不见干不浇水，浇水则必须浇透。雨季要注意挖沟排水。每年越冬前、早春返青前及每次刈割以后都要集中松土、除草，苗期除草要求除草除尽。

5. 病虫害防治

费菜由于表面有蜡质，在正常栽培条件下，病虫害极少，如瓢虫害发生可酌情使用菊酯类药或生物农药。

在蚜虫、粉虱、美洲斑潜蝇成虫发生期，用黄板诱杀成虫，用蓝板诱杀蓟马，每亩均匀插挂黄蓝板 20 块，黄蓝板应高出蔬菜 30 厘米，每月更换 1 次。

使用苏云金杆菌（BT）防治菜青虫；多角体病毒防治小菜蛾、菜青虫、斜纹夜蛾。

6. 采收

采收时茎基部要留 2~3 个节，以便继续萌发出新枝梢，用镰刀水平割取 2~3 节以上的嫩梢，长 10~15 厘米，采收后捆扎成均匀的菜把直接出售，也可用包装袋包装净菜供超市销售。

四、应用价值

1. 药用价值

全草入药。春、秋采挖根部，洗净晒干。全草可随用随采，或秋季采集晒干。性平，味甘、微酸。有散瘀止血、宁心安神、解毒之功效，内用于吐血、咯血、牙龈出血、便血、尿血、崩漏、血小板减少性紫斑、心悸、烦躁失眠，外用于跌打损伤、外伤出血、烧烫伤、疮疖痈肿等症。

2. 营养价值

费菜含有蛋白质、脂肪、胡萝卜素、维生素、钙、磷、铁及生物碱、齐墩果酸、景天庚糖等营养成分。

五、膳食方法

采摘嫩茎叶作为蔬菜，口感爽滑，无异味。可凉拌、素炒、配肉炒、清炖、清蒸、烧汤、火锅、泡茶等。

1. 费菜炖猪心

食材：鲜费菜、猪心。

做法：鲜费菜洗净，猪心洗净切片，一起炖熟，点入调味即可。

2. 凉拌费菜

食材：鲜费菜。

做法：费菜清洗干净后在热水中焯，再放在清水中过凉，加入精盐、味精、酱油、麻油、蒜泥等调味后即可食用。

3.费菜炒肉丝

食材：鲜费菜、猪肉、姜、蒜。

做法：费菜洗净焯水备用，猪肉切丝。先将姜、蒜煸香，加入肉丝炒熟，再放入费菜翻炒，点入调味料出锅。

楝科

●学名●
Toona sinensis (A. Juss.) Roem.

香椿

别名： 春芽树、椿、红椿、椿树、春菜头、春芽子、春阳树、椿白皮、椿菜、椿花、椿甜、树椿芽、椿芽树、椿芽树皮、红椿菜、毛椿、香椿皮、香椿树、椿树芽、红椿树、山椿、香椿子、猪椿

科属： 楝科香椿属

一、形态特征

乔木，树皮粗糙，深褐色，片状脱落。叶具长柄，偶数羽状复叶；小叶16~20，对生或互生，纸质，卵状披针形或卵状长椭圆形，先端尾尖，基部一侧圆形，另一侧楔形，不对称，边全缘或有疏离的小锯齿，两面均无毛，无斑点，背面常呈粉绿色，侧脉每边18~24条，平展，与中脉几成直角开出，背面略凸起。圆锥花序与叶等长或更长，被稀疏的锈色短柔毛或有时近无毛，小聚伞花序生于短的小枝上，多花；花具短花梗；花萼5齿裂或浅波状，外面被柔毛，且有睫毛；花瓣5片，白色，长圆形，先端钝，无毛；雄蕊10枚，其中5枚能育，5枚退化；花盘无毛，近念珠状；子房圆锥形，有5条细沟纹，无毛，每室有胚珠8颗，花柱比子房长，柱头盘状。蒴果狭椭圆形，深褐色，有小而苍白色的皮孔，果瓣薄；种子基部通常钝，上端有膜质的长翅，下端无翅。花期6~8月，果期10~12月。

二、生境分布

生于山坡或溪旁。分布于陕西、贵州、云南、福建、山东、浙江等地。

三、栽培技术

1. 整地

优选地势较高的地块作为苗床，要求土壤具有较高的肥力水平，松软度较

高，并能够顺利排水与灌水。在播种前先进行 2 次翻耕晒地，每亩施加腐熟畜禽粪肥 2000 千克及 25% 复合肥 25 千克，在正式播种前 30 天将上述肥料均匀播入土壤。苗床宽为 1.5 米，床面高为 25 厘米。

2. 育苗

将种子置于温度为 40~50℃ 的水中并进行搅拌，当水温降到 25℃ 左右时浸泡种子约 12 小时。此后沥干水分，将其平铺，在种子上覆盖透气的湿布，放置于温度为 20~25℃ 的环境中催芽。在此期间，每天翻动种子，并用 25℃ 左右的水进行冲洗。之后控出水分，种子露白便可播种。

在气温 15℃ 以上就可播种，每亩播种量为 2~3 千克。完成播撒后，使用营养土覆盖，再使用小拱棚盖膜。种子出苗以后，需合理运用保温和遮阳等措施，既保证苗床的温度，又要避免温度过高对幼苗产生不利影响。进入二叶期后，在揭膜期间需浇水 1~2 次，进入三叶期后，追施淡速效肥 1 次。

3. 移植

在苗木长到 20 厘米左右时便可定植。并将株距和行距控制在 30 厘米 × 30 厘米，种植密度约每亩 670 株，灌足定根水，保证幼苗成活。

4. 田间管理

肥水管理：种植人员可采用前促后控的方式进行肥水管理工作。通常在 5~6 月施用磷酸二铵 30 千克/亩，灌水 4 次。香椿的根属于肉质根，在雨季时需格外注意排涝，避免多余的水分沤烂根部。7~8 月温湿度较高，幼苗长速较快，也可采取人为方式进行控制，使用多效唑 300~400 倍液每 15 天喷洒 1 次，避免幼苗长势过快，培育矮化壮苗。进入 9 月上旬，需追施 46% 尿素 20 千克/亩，根外追施磷酸二氢钾，以保证苗木健康生长。9 月中旬后不再灌水和施肥。

温度管理：栽植后 10~15 天进入缓苗期。为了获得较为理想的出芽率，在香椿入棚以后，种植人员便可使用赤霉素等药剂，促进出芽。香椿的生长顺序为先生根后发芽，因此需保证足够高的温度，白天温度需达到 30℃，促进根系发育。完成灌水沉土后，可使用 20℃ 左右的水喷洒植株，提高土壤和空气的湿度，使棚内湿度达到 85% 左右。生长区域的空气相对湿度需保持在 70%，为香椿生长提供良好的环境，同时需注意通风。

5. 病虫害防治

立枯病：一般发生在香椿幼苗期内，具体的症状表现为芽腐、幼苗枯萎等。大苗症状主要表现为根部和叶片的腐烂，由赤褐色变灰，腐烂程度难以控制。到了中期叶片全部脱落，难以治愈。可使用石灰水清理根穴进行灌溉。

干枯病：该类病害在幼树的主干部位出现较多。首先在树皮上出现水渍状病斑，此后便发展为不规则形状的病斑。病斑中间位置树皮出现裂痕，树胶也会从中流出。病斑全部覆盖主干后，树梢便会枯萎。可使用磷、钾肥，避免使用过量的氮肥。如果感染病害，还可应用70%的甲基托布津2000倍液进行喷洒。

虫害：主要为蝼蛄。可使用黑光灯、毒饵等方式进行防治。另外，可全面清除冬季落叶，深翻土地，以杀灭越冬虫卵。

6. 采收

当椿芽高度为15~20厘米且颜色较为理想时，便可采芽。如果椿芽过短，产量便不会理想，如果椿芽过长，也会影响质量。可按照顶芽到侧芽的顺序采芽，时间最好在清晨或傍晚，每隔7~10天采芽1次，完成采集后便可上市。为避免水分流失，可先将其捆成小把，密封好保存。同时，注意每次采芽后需适当追加肥料和水分。

四、应用价值

1. 药用价值

椿叶及春尖叶入药。春季采收，多鲜用。性平、味苦。具有祛暑化湿、解毒、杀虫之功效，常用于暑湿伤中、恶心呕吐、食欲不振、泄泻、痢疾痛、疮肿毒、疥疮、白秃疮。

2. 营养价值

香椿含有蛋白质、脂肪、碳水化合物、胡萝卜素、维生素C、维生素B、磷、铁、钾、钙等营养物质。

五、膳食方法

香椿的嫩芽可做成各种菜肴，风味独特，诱人食欲。

1. 香椿炒鸡蛋

食材：新鲜香椿芽、鸡蛋。

做法：香椿洗净，用开水烫一下，再捞出放入冷水过凉，捞出切细；将鸡蛋磕入大碗内，加入香椿、盐，搅成蛋糊；热锅下油，油热后将鸡蛋糊倒入锅内，翻炒至鸡蛋嫩熟，装盘即可。

2. 香椿拌豆腐

食材：新鲜香椿芽、豆腐。

做法：将香椿芽洗净后用盐稍腌，揉过，约腌一夜即可取用；用时将腌过的香椿芽切成末，再将蒸透后切小丁的豆腐与香椿芽末放入盘中；撒上少许盐，滴上香油拌匀即可食用。

3. 凉拌香椿芽

食材：新鲜香椿芽、蒜。

做法：将香椿芽洗净，焯水，摆盘；蒜瓣切碎，加盐、香油、酱油、味精，制蒜汁淋在香椿芽上；最后浇上热油即可。

4. 油炸香椿

食材：新鲜香椿芽、鸡蛋、面粉。

做法：将香椿洗净，用开水略烫一下，置凉；鸡蛋液中加盐、面粉、花椒面调成鸡蛋糊；将香椿均匀地粘上鸡蛋糊，投入锅内炸熟捞出即可。

豆科

猫尾草

别名: 长穗猫尾草、长穗猫尾射、狐狸尾、猫尾射、牛春花、千斤笔、土狗尾、兔尾草、布狗尾、长穗狸尾豆、大叶猫尾草、虎尾仑、虎尾轮、猫尾豆、野狸尾

科属: 豆科猫尾草属

一、形态特征

亚灌木,茎直立,高 0.6~1 米。分枝少,被灰色短毛。叶为奇数羽状复叶,茎下部小叶通常为 3 叶,上部为 5 叶;托叶长三角形,先端细长而尖,边缘有灰白色缘毛;叶柄被灰白色短柔毛;小叶近革质,长椭圆形、卵状披针形或卵形;小托叶狭三角形,有稀疏缘毛;小叶柄密被柔毛。总状花序顶生,粗壮,密被灰白色长硬毛;苞片卵形或披针形,具条纹,被白色并展缘毛;花梗弯曲,被短钩状毛和白色长毛;花萼浅杯状,被白色长硬毛,5 裂,上部 2 裂长,下部 3 裂;花冠紫色。荚果略被短柔毛;荚节 2~4,椭圆形,具网脉。花果期 4~9 月。

二、生境分布

生于山坡、荒地、灌木林边或杂草中,有栽培。分布广东、广西、福建、云南等地。

三、栽培技术

1. 整地

适应性强,根部发达,成品一般根长约 0.5 米,栽培上要求土层 0.5 米以上。利用挖掘机翻地,松土整土深 0.5 米以上,并整成高 0.3~0.4 米、宽 1.0~1.2 米畦,沟宽 0.3 米,畦面平整备用。

2. 种子处理

种子有 1 层硬壳,播种前需对种子进行种壳破坏处理才能发芽整齐。种壳

处理后，播种前用 30~35℃温水浸泡 12~18 小时，促进胚芽萌动后即可播种。播种方式有直播和育苗移栽。直播优点是省工，缺点是出苗不整齐、种植密度不好控制、产量较低；而育苗移栽的优点是生长整齐、密植规格合理、产量高。生产中推荐采用育苗移栽。

3. 育苗

通常在 2 月底至 3 月初播种，育苗床高 0.2 米、宽 1.0 米。苗地除施用有机肥外，每亩施复合肥 30 千克，亩用种子量 500 克。苗地与大田比 1 : 20。播种后覆土 2 厘米，苗床上用稻草覆盖，并用塑料薄膜小拱棚覆盖。当出苗 80% 时可掀开稻草，保留小拱塑料薄膜覆盖。一般到 3 月中旬可揭膜露地管理，育苗期 30~35 天。4 月上中旬气温稳定 15℃适合幼苗生长时可移栽定植。如果是直播的，一般选择在 4 月上中旬播种，穴播 1~2 粒种子，5 月初前应完成定苗。

4. 田间管理

施足基肥：虽然野生的土壤环境比较瘦，但经几年的栽培表现耐肥，肥力高低对其产量影响很大。一般生产上以每亩的纯氮施用量 10~15 千克为宜，氮、磷、钾的比例 1.0 : 0.5 : 0.8。基肥以有机肥为主，有机肥有土杂肥、牛猪粪、草木灰等多种。利用沼渣（沼液）又能减少农村的环境污染，但缺点是体积大，施用费工。要求每亩施用 1000 千克沼渣（沼液）或者用土杂肥 2500 千克做基肥。

种植规格：定植时，田间整成畦宽 1.0~1.2 米、高 0.3 米。定植选择雨后土壤湿润进行，可不浇水。规格以 0.3 米 × 0.4 米，每亩种植约 4000 株为宜。移栽时注意浅栽，根茎部不入土，用手把土压实。如果是晴天移栽的要浇定根水。移栽后 7 天左右要查苗补苗，确保全苗。

肥水管理：定植后 2 个月内注意除草，封垄后可不再除草。成活后用沼液按 1 : 3 兑水浇，以促进幼苗生长。定植 1 个月后，幼苗进入旺长期，每亩追施 15~20 千克复合肥，以促进茎叶的快速生长。或用沼液浇灌，幼苗生长旺盛，效果更好。在 7~8 月进入开花期，代谢大，每亩施复合肥 20~25 千克，以保证根部的快速生长。如果要二年生才采收的，第二年的 3 月中下旬开始追肥管理。对水比较敏感，南方降雨量大，可不浇水。但在 6~9 月连续 20 天不下雨的，灌水对产量影响大，应进行人工灌跑马水。

5. 病虫害防治

病虫害少，一般不用施药。在幼苗时有蚜虫为害，可在一定发生量时喷用吡虫啉防治。未出现为害性较大的病害，可以不进行化学防治。

6. 根部采收

有一年生采收，也有二年生采收的。二年生的比一年生的品质高、价格也高。如果是要二年生采收的在第一年的 12 月植株落叶后剪去地上部分，留 10 厘米茎，第二年便能自行发芽生长，继续管理 1 年。采收时节，根部深扎，又处在冬季，天气干旱少雨，土壤干燥板结坚硬，人工用锄头挖掘的工作效率低，可灌水落干后 2 天，待土壤疏松时挖掘采收，以提高效率。

四、应用价值

1. 药用价值

根入药。夏、秋采收，鲜用或晒干。性平，味甘。有清热、解毒、止血、消痈之功效，用于咳嗽、肺痈、吐血、咯血、尿血、脱肛、子宫脱垂、肿毒。

2. 营养价值

根含有黄酮类、多糖类、氨基酸类、酚类、有机酸及甾体皂苷等成分。

五、膳食方法

根可用以煲汤，有清香味。

1. 虎尾轮鸭肉汤

食材：虎尾轮根、鸭肉、姜、盐、鸡精、料酒。

做法：虎尾轮根洗干净，切小段备用。将鸭肉块处理干净，然后洗干净，备用。锅里放适量水，水开，放进洗干净的鸭肉块，同时加少许料酒，煮到鸭肉断生即可捞起，冲下凉水，备用。将焯过水的鸭肉块、虎尾轮根、姜块一起炖 1 小时，加入调味料即可。

2. 虎尾轮小肠汤

食材：虎尾轮根、小肠、姜。

做法：虎尾轮根洗净，放进砂锅，添水；小肠正面冲洗干净后，用筷子帮助翻出小肠内壁，加油、盐、地瓜粉揉搓，去除内壁的黏液，冲洗干净，剪成小段，放进砂锅，加入姜片，开大火煮开，撇去浮沫，转小火炖 1 小时，加入适量盐调味即可。

3. 虎尾轮炖鸽子蛋

食材：虎尾轮根、乳鸽、鹌鹑蛋、枸杞、姜。

做法：将虎尾轮根洗净，扎小捆或切小段；乳鸽去毛后，摘除内脏，过沸水后，下虎尾轮根、去皮鹌鹑蛋、姜、枸杞，一起用砂锅炖 1 小时调味即可。

●学名●
Pueraria montana (Lour.) Merr.

葛

别名： 葛藤、葛根、三野葛、越南葛藤、越南葛、北越葛、山葛、山葛藤、乾葛、山肉豆、山野葛、台湾葛藤、野葛、野葛藤、越南野葛

科属： 豆科葛属

一、形态特征

粗壮藤本，长可达 8 米，全体被黄色长硬毛，茎基部木质，有粗厚的块状根。羽状复叶具 3 小叶；托叶背着，卵状长圆形，具线条；小托叶线状披针形，与小叶柄等长或较长；小叶三裂，顶生小叶宽卵形或斜卵形，先端长渐尖，侧生小叶斜卵形，上面被淡黄色、平伏的疏柔毛，下面较密；小叶柄被黄褐色绒毛。总状花序长 15~30 厘米，中部以上有颇密集的花；苞片线状披针形至线形，远比小苞片长，早落；小苞片卵形；花 2~3 朵聚生于花序轴的节上；花萼钟形，被黄褐色柔毛，裂片披针形，渐尖，比萼管略长；花冠紫色，旗瓣倒卵形，基部有 2 耳及一黄色硬痂状附属体，具短瓣柄，翼瓣镰状，较龙骨瓣为狭，基部有线形、向下的耳，龙骨瓣镰状长圆形，基部有极小、急尖的耳；对旗瓣的 1 枚雄蕊仅上部离生；子房线形，被毛。荚果长椭圆形，扁平，被褐色长硬毛。花期 9~10 月，果期 11~12 月。

二、生境分布

生于山地、草地、林缘、路边及密林中，有栽培。除新疆、青海及西藏外，全国均有分布。

三、栽培技术

1. 整地

葛喜温暖、潮湿的环境，有一定的耐寒耐旱能力，以土层深厚、疏松、富含腐殖质的沙质壤土为佳。人工栽培葛根，要获得高产，首先要选好地。整地起垄于2月中旬开始，在整地前每亩施厩肥500千克，灶灰500千克，钙、镁、磷肥50千克或施复混肥200千克。在整地时，与红薯垄一样，垄高60~70厘米，垄长以地块操作方便而定。

2. 育苗

苗床地整成垄高15~20厘米，垄宽60~100厘米，长度不限。每平方米施腐熟厩肥或土杂肥1.5~2.5千克。深翻耙平，苗床中间稍凸起，两侧沟宽20~30厘米。

将葛藤条剪成长6~10厘米的小段，散排在整好的苗床上，为避免重叠，上面盖2~3毫米厚的细土，然后撒施一些腐熟厩肥，再盖一层稻草。10天左右若垄面干燥可浇水一次。当种植根萌枝以后，水分需要适当增加，每3天左右浇一次水，以保持苗床充分湿润。苗床温度在20℃左右为宜。

3. 定植

2月底至3月中旬，选择阴天不刮大风的天气移栽，移植前苗床要浇透水，以便带起苗。每亩栽植500~700株，株距大约1米，栽苗前要先按照株距把葛根苗放在垄田上，挖小穴后把苗放入穴内，盖2厘米厚的细土，用双手把土压实即可。

4. 田间管理

补苗及施肥：苗木移栽后，可以适当地用稀释过后的人畜粪水来定根，并注意检查，发现死苗要及时补栽。当苗长至30厘米左右的时候，可以用0.3%~0.5%

的尿素水喷洒，隔 15 天喷一次，以后可适当追肥。

中耕除草和防治病虫害：葛藤长到 1~2 米时要中耕除草。葛根虽然抗逆性强，但难免也会出现一些病虫害，特别在 6~8 月份块茎生长的关键季节，为保持叶片旺盛，必要时进行无残毒药物防治或用石灰粉防治。

5. 收获

葛根可当年采挖，也可第二年采挖。一般 11~12 月份采挖淀粉含量最高。采挖时，可挖大留小，做到投资一次，长期受益。

四、应用价值

1. 药用价值

葛根入药。秋、冬二季采挖，趁鲜切成厚片或小块，干燥。性凉、味甘、辛。有解肌退热、透疹、生津止渴、升阳止泻、通经活络、解酒毒之功效，用于外感发热头痛、项背强痛、口渴、消渴、麻疹不透、热痢、泄泻、眩晕头痛、中风偏瘫、胸痹心痛、酒毒伤中。

2. 营养价值

葛根含有丰富的蛋白质、磷脂质、多糖体、氨基酸，以及丰富的硒、锰、锗、锌等多种微量元素。

五、膳食方法

葛根可以食用，主要用来炒肉、煲汤。

1. 桂花葛粉羹

食材：葛根、桂花糖。

做法：葛根磨粉后，先用凉开水适量冲调溶解完全，再用沸水冲化，使之成晶莹透明状，加入桂花糖调拌均匀即成。

2. 葛根排骨汤

食材：鲜葛根、排骨。

做法：鲜葛根切片洗净，与焯水后的排骨一起炖 1 小时，加上调味品即可。

3. 葛根炒肉

食材：鲜嫩葛根、猪肉。

做法：将鲜葛根切片洗净去皮，切薄片备用；把切丝的猪肉先煸炒干，放入葛根片，炒熟，点上调味料出锅。

●学名●
Millettia speciosa Champ.

牛大力

别名：金钟根、山莲藕、牛大力藤、大力薯、倒吊金钟、金钟根、老惊藤、美丽鸡血藤、牛牯大力藤、猪脚笠、美丽崖豆、牛牯大力、牛牯大力士、甜金钟、甜牛大力、甜牛力

科属：豆科崖豆藤属

一、形态特征

攀缘灌木，长 1~3 米。根系向下直伸，长 1 米左右。幼枝有棱角，披褐色柔毛，渐变无毛。叶互生；奇数羽状复叶，托叶披针形，宿存，小叶 7~17 片，具短柄，基部有针状托叶 1 对，宿存；叶片长椭圆形或长椭圆披针形，先端钝短尖，基部钝圆，上面无毛，光亮，干时粉绿色，下面被柔毛或无毛，干时红褐色，边缘反卷。花两性，腋生，短总状花序稠密；花苞 2 裂；萼 5 裂，披针形，在最下面的 1 片最长；花冠略长于萼，粉红色；旗瓣秃净，圆形，基部白色，外有纵紫纹，翼瓣基部白色，有柄，前端紫色，龙骨瓣 2 片，基部浅白色，前部互相包着雌雄蕊；雄蕊 10 枚，两体，花药黄色，圆形，雌蕊 1 枚，子房上位。荚果，种子 2 枚，圆形。花期 8~9 月，果期 10 月。

二、生境分布

生长于深山幽谷之中。分布于海南、福建、台湾、广西、广东、湖北、湖南、贵州、江西。

三、栽培技术

1. 整地

牛大力对自然环境具有很强的适应力，对气候、土壤的质量也没有特殊要求，并且具有较强的抗旱能力、抗寒能力和抗病虫害能力。人工栽培为了增加产量，选择土层深厚肥沃、腐殖质丰富、疏松湿润、通气性良好的微酸性沙壤土作为园地。整地时每亩施用充分腐熟的农家肥 500~1000 千克、46% 尿素 25 千克，用大型耕地机打匀，起垄。

2. 定植

牛大力为藤蔓植物，种植过稀时，没有合理利用土地，单位面积产量低。每亩种植 800~1000 株，株行距为 0.8 米 × 1 米。定植后必须浇定根水，隔天浇一次。

3. 田间管理

追肥：幼苗期在 3 月份雨天撒施 1 次 46% 尿素催苗，而后期 6 月、9 月份施加复合肥为主，每亩 15~25 千克。施肥时应当结合松土、除草一并完成。

中耕除草：幼苗期藤蔓少，植株间易生长杂草，草多及时处理，避免杂草与植株争肥水。铲除的杂草晒至失活后覆盖在植株基部保湿，增强透气性。种植时候可用黑地膜覆盖，再挖地膜小口种植牛大力苗，这样对后期除草管理是比较方便的，可减少成本。

修剪：移栽以后，待主茎生长至 20~30 厘米时，将顶芽摘除。剩下的主茎会逐渐长粗变高变大成灌木状。当其他侧枝生长的时候要及时进行平衡修剪保持灌木状生长，保持不倒伏。若初期没有及时修剪，主茎过长时，将发育良好的侧枝保留，侧枝以上的主茎剪除，剩下的侧枝会逐渐长粗变高变大成灌木状，侧枝变为主茎，之后再进行平衡修剪保持灌木状。

修枝打花序：牛大力茎蔓分枝多，但过多的分枝会造成叶片过多且互相遮盖，影响光合作用，也使茎叶消耗过多的养分，不利于块根生长。每半年修剪一次侧枝，控制茎蔓生长，利于块根的膨大。每年 5~8 月间，除留种植株外，长出的花序应及时分期分批摘除，以防止开花时过多消耗养分。

4. 病虫害防治

一般残害牛大力的虫主要有甲虫、毛虫、臭屁虫等，啃食叶子严重时，可用 5%

阿维菌素乳油、吡虫啉等防治。

5. 采收

种植 3~4 年后，当牛大力叶片大部分转入青黄，可选择晴天进行收获。收获时，注意不要损伤块根，零星种植可采用人工采挖，规模化种植宜采用机械深翻采收，确保外观质量。

四、应用价值

1. 药用价值

以根入药。全年可采，以秋季挖根为佳。洗净，切片晒干或先蒸熟再晒。性平，味甘。有补虚润肺、强筋活络的功效，用于腰肌劳损、风湿性关节炎、肺热、肺虚咳嗽、肺结核、慢性支气管炎、慢性肝炎、遗精。

2. 营养价值

根主要营养成分为蛋白质、淀粉质及生物碱等。

五、膳食方法

采挖牛大力根鲜用或晒干都可，客家人经常用来煲汤。

1. 牛大力猪骨汤

食材：鲜牛大力、杜仲、猪大骨、红枣。

做法：采挖新鲜牛大力清水浸洗干净，切段；猪大骨洗净，切开；杜仲、红枣浸洗；将全部材料放入瓦煲内，加水煲约 3 小时，调味即可。

2. 海鲜牛大力汤

食材：鲜牛大力、栗子、蚝豉、猪腰。

做法：采挖新鲜牛大力清水浸洗干净，切段；猪腰出水；蚝豉浸洗干净；栗子去衣；将全部材料放入瓦煲内，加水煲约 3 小时，调味后连汤料同食。

3. 牛大力猪蹄汤

食材：鲜牛大力、猪脚、桑寄生。

做法：先将猪脚斩小段后滚水煮 10 分钟；新鲜牛大力清水浸洗干净，桑寄生浸洗干净；将所有材料放入煲内煮滚，改用细火煲 3 小时，调味即可。

远志科

●学名●
Polygala fallax Hemsl.

黄花倒水莲

别名： 白马胎、倒吊黄、吊吊黄、观音串、黄花参、黄花远志、黄金印、鸡仔树、木本远志、念健、鸭仔兜、倒水莲、黄花倒水连、黄花鸡骨、假黄花、假远志、美女怀胎、屈头鸡

科属： 远志科远志属

一、形态特征

灌木或小乔木，高 1~3 米，根粗壮，多分枝，表皮淡黄色。枝灰绿色，密被长而平展的短柔毛。单叶互生，叶片膜质，披针形至椭圆状披针形，先端渐尖，基部楔形至钝圆，全缘，叶面深绿色，背面淡绿色，两面均被短柔毛，主脉上面凹陷，背面隆起，侧脉 8~9 对，背面突起，于边缘网结，细脉网状，明显；叶柄上面具槽，被短柔毛。总状花序顶生或腋生，直立，花后下垂，被短柔毛；花梗基部具线状长圆形小苞片，早落；萼片 5 片，早落，具缘毛，外面 3 枚小，不等大，上面 1 枚盔状，其余 2 枚卵形至椭圆形，里面 2 枚大，花瓣状，斜倒卵形，先端圆形，基部渐狭；花瓣正黄色，3 枚，侧生花瓣长圆形，2/3 以上与龙骨瓣合生，先端几截形，基部向上盔状延长，内侧无毛，龙骨瓣盔状，鸡冠状附属物具柄，流苏状；雄蕊 8 枚，花丝 2/3 以下连合成鞘，花药卵形；子房圆形，压扁，径 3~4 毫米，具缘毛，基部具环状花盘，花柱细，先端略呈 2 浅裂的喇叭形，柱头具短柄。蒴果阔倒心形至圆形，绿黄色，具半同心圆状凸起的棱，无翅及缘毛，顶端具喙状短尖头，具短柄。种子圆形，棕黑色至黑色，密被白色短柔毛，种阜盔状，顶端突起。花期 5~8 月，果期 8~10 月。

二、生境分布

多长于山谷、溪旁或潮湿肥沃之灌木林中，为中国特有之物种。分布于广西、广东、云南、贵州、湖南、福建等地。

三、栽培技术

1. 整地

黄花倒水莲喜亚热带温暖湿润的气候，忌干旱及强光。人工栽培园区土壤以土层深厚、质地潮湿疏松、腐殖质丰富的土为宜。整地时每亩可施入农家土杂肥 2000 千克翻耕入土，耕细整平，起畦，畦高 20 厘米，畦宽 1 米，畦间人行道宽 30~40 厘米，以方便出入管理。

2. 育苗

一般在 11 月初至翌年 3 月播种，以 11 月播种较好，可采用条播或撒播。条播是在畦面上，按行距 20 厘米，深 2~3 厘米开好播种沟，将种子均匀播于沟内；撒播是将种子直接均匀播于整好的畦面上，播种量 25 千克/亩，播种后薄撒一层细土，以不见种子为度。如果撒播的是蒴果，在保湿较好的情况下，果皮可以裸露 1/3。畦面拱盖薄膜，拱高 50~60 厘米。

3. 苗期管理

苗地土壤湿度要适中，播种后畦面表土以手抓成团，手松则散为宜。播种后约 20 天发芽，30 天出苗，苗期要经常除草，力求除早除尽。苗高 5~8 厘米时结合中耕除草进行间苗，将过密苗带土拈起，移植至稀疏的苗地即可，株行距 10 厘米 ×20 厘米左右。基本齐苗并长出 3~4 片叶后适时追肥，可喷淋 0.1%复合肥水溶液。一般 6 月份苗木长至 5~10 厘米高时追肥 1 次，8 月底再追肥 1 次。苗高 10~15 厘米时，除去拱盖的薄膜。如果苗期管理精细，第二年 4 月即可出圃定植。一般实生苗 1 年后苗高 15~30 厘米，2 年后苗高 40~70 厘米，大多数是种植 2 年苗。

4. 定植管理

定植：套种于常绿阔叶林下，选择山坡、沟谷处，腐殖质层深厚、疏松肥沃，微酸性的沙壤土。在阴雨天气移植，种植密度根据山坡陡缓、树林结构等情况综合考虑，缓坡按株行距 50 厘米 ×150 厘米穴栽定植。种植后淋足定根水。

管理：种植前期确保土壤湿润，多雨季节，做好排水，避免积水。适当间伐小乔木和疏除杂草，不要除尽，保留部分植被。有条件的每年可施 1~2 次农家肥。

5. 病虫害防治

主要病害有根腐病和叶枯病。根腐病早期，根茎变褐、腐烂；叶柄基部发生褐色、星斑点状腐烂，有时成棱形或椭圆形，最后导致整株死亡。防治方法：早拔除病株，烧毁，发病初期用 40% 多菌灵 800 倍液进行喷灌，隔 7~10 天喷 1 次，连喷 2~3 次，或用 10% 石灰水对病穴消毒。叶枯病是从树干下部先发病，向上蔓延。叶片中心部开始有圆形小斑点，不断扩大，最后叶片枯萎，植株死亡。防治方法：用代森锰锌800~1000 倍液叶面喷施，隔 7 天喷 1 次，连续防治 14 天可治愈。

主要虫害有蚜虫。可用粘虫黄板诱杀蚜虫；也可以利用蚜虫的天敌，如瓢虫、草虫、食蚜蝇、小花虫、茧蜂、蚜小蜂等进行防治。如果田间有一定量的益虫，可以通过保护蚜虫的天敌来控制蚜虫，而不是盲目施药，这也是发展绿色生态农业所倡导的。

6. 采收与加工

种植 3 年后，可在秋冬季采收全株。由于黄花倒水莲根系多分布于表土层，容易采挖，可采叶后连根挖起。把地上枝茎与根部分开，枝茎切片晒干，根条冲洗干净后切片或切段晒干。放置于干爽通风处，待售。

四、应用价值

1. 药用价值

根入药。根于秋、冬采挖，切片晒干。性平，味甘、微苦。具有补益、强壮、祛湿、散瘀的功效，可用于治疗虚弱浮肿、腰腿疼痛、慢性肝炎、跌打损伤等症状。

2. 营养价值

根所含成分主要有皂苷、多糖、有机酸、氨基酸等。

五、膳食方法

黄花倒水莲的根用于煲汤，如倒水莲乌鸡汤、倒水莲排骨汤等。

1. 倒水莲乌鸡汤

食材：黄花倒水莲根（鲜品）、乌鸡。

做法：黄花倒水莲根清洗干净，剁成片或小块；乌鸡宰杀处理干净，切块焯水后，和黄花倒水莲根一起放入炖罐，开大火烧开，再开小火炖 1 小时，即可。

2. 倒水莲猪尾汤

食材：黄花倒水莲根（鲜品）、猪尾。

做法：黄花倒水莲根清洗干净，剁成片或小块；猪尾，清理干净，刮干净猪毛，然后剁成小块，再放入锅中，加入姜片和葱片，加入 2 汤匙的料酒，大火煮开，煮开之后捞出，过凉水清洗干净放入锅中，再加入黄花倒水莲根和清水，盖上锅盖，煲 40 分钟，即可。

3. 倒水莲汤

食材：黄花倒水莲根（鲜品）、排骨。

做法：黄花倒水莲根清洗干净，剁成片或小块；排骨剁成小块，放入锅中焯水后，过凉水清洗干净放入锅中，再加入黄花倒水莲根和清水，盖上锅盖，炖 40 分钟，即可。

大戟科

●学名●
Mallotus apelta (Lour.) Müll. Arg.

白背叶

别名： 白背木、白背娘、白背树、白背桐、白背叶野桐、白吊粟、白活叶、白帽顶、白朴树、白桃叶、白桐、白桐树、白桐子、白叶野桐、山桐子、野麻、野桐、野梧桐、野线麻、野洋麻、叶下白

科属： 大戟科野桐属

一、形态特征

灌木或小乔木，高 1~3（~4）米；小枝、叶柄和花序均密被淡黄色星状柔毛和散生橙黄色颗粒状腺体。叶互生，卵形或阔卵形，稀心形，顶端急尖或渐尖，基部截平或稍心形，边缘具疏齿，上面干后黄绿色或暗绿色，无毛或被疏毛，下面被灰白色星状绒毛，散生橙黄色颗粒状腺体；基出脉 5 条，最下一对常不明显，侧脉 6~7 对；基部近叶柄处有褐色斑状腺体 2 个。花雌雄异株，雄花序为开展的圆锥花序或穗状，苞片卵形，雄花多朵簇生于苞腋，花蕾卵形或球形，花萼裂片 4 片，卵形或卵状三角形，外面密生淡黄色星状毛，内面散生颗粒状腺体，雄蕊 50~75 枚；雌花序穗状，稀有分枝，苞片近三角形，花梗极短，花萼裂片 3~5 枚，卵形或近三角形，外面密生灰白色星状毛和颗粒状腺体，花柱 3~4 枚，基部合生，柱头密生羽毛状突起。蒴果近球形，密生被灰白色星状毛的软刺，软刺线形，黄褐色或浅黄色；种子近球形，褐色或黑色，具皱纹。花期 6~9 月，果期 8~11 月。

二、生境分布

生于山坡或山谷灌丛中。分布于云南、广西、湖南、江西、福建、广东和海南等地。

三、栽培技术

1. 整地

白背叶性喜阳，喜温暖气候，喜排水良好的地方。园地选择土层深厚、肥沃、排水良好、富含腐殖质的向阳坡地。定植前挖穴，穴的规格为 1 米 ×1 米，穴内施于基肥。

2. 育苗

宜选土层深厚向阳背风、疏松肥沃、排水良好而保水力较好的沙质壤土。冬季深翻土地，让其自然风化，翌春进行碎土、整平、作畦，或在生荒地上，用黄心土作苗床。种子均匀撒播于苗床上，薄盖一层细土，然后盖草浇水。在播种的幼苗出土前，在苗床上盖上一层薄草，以保持土壤湿润，幼苗出土后即可去掉盖草。当第二片真叶形成时，宜间去过密的幼苗。要及时淋水，保持土壤湿润。在多雨季节，要注意排除积水，以防幼苗死亡。勤除草，以防杂草淹没幼苗，同时又可以保持土壤湿润。在幼苗期，可适量地施以腐熟的人粪尿或尿素、草木灰等农家肥。

3. 定植

一般在春季 2~3 月进行种植。选择健壮无病虫害的幼苗，株行距为 1 米 × 1 米。

4. 田间管理

查苗补苗：定植后 10 天进行检查，如发现死亡缺株，应及时拔除，并补以适龄健康幼苗。

水分管理：旱时注意浇水，雨后及时排涝，保持土壤持水量 25% 左右。

合理追肥：每年追肥 3 次，分别在春、夏、冬季进行，可用复合肥混合沤制的花生麸兑水淋施。

5. 病虫害防治

白背叶抗病虫害能力强，一般不感病。偶发虫害主要有卷叶蛾和黏虫。卷叶蛾幼虫为害嫩芽和嫩叶，可在幼虫孵化后，用吡虫啉喷杀，并于冬季清除园内杂草、落叶，消灭越冬成虫，减少来年虫源。黏虫为害树梢及嫩枝，可用氯氰菊酯喷杀，每隔 7 天喷 1 次，连喷 2~3 次。

6. 采收

种植 1~3 年，即可采收。一般在秋冬季节进行，因白背叶的根多分布于地下 30~50 厘米，用小型挖机就可轻松挖起。

四、应用价值

1. 药用价值

根入药。9~10 月采收，洗净，鲜用或切片晒干。性平，味微苦、涩。有清热、祛湿、收涩、活血之功效，用于肝炎、肠炎、淋浊、带下、脱肛、子宫下垂、肝脾肿大、跌打扭伤。

2. 营养价值

根含酚类、氨基酸、鞣质、糖类。

五、膳食方法

采挖白背叶的根，鲜用或晒干，用于煲汤，如白背叶根猪骨汤。

1. 白背叶根猪骨汤

食材：鲜白背叶根、猪排骨。

做法：将刚采挖的白背叶根洗净切成片；猪排洗净，斩为段状，然后与白背叶根、生姜一起放进瓦煲内，加入清水，武火煲沸后，改为文火煲 2 小时。

2. 白背叶根乌贼汤

食材：鲜白背叶根、乌贼、猪瘦肉。

做法：将刚采挖的白背叶根洗净切成片，把猪瘦肉洗净切小块后与乌贼、生姜、白背叶根一起放进瓦煲内，加入清水，先武火后文火煲 1 小时。

●学名●
Malva verticillata var. *crispa* L.

冬葵

别名： 葵菜、冬寒（苋）菜、薪菜、皱叶锦葵
科属： 锦葵科锦葵属

一、形态特征

一年生草本，高 1 米，不分枝，茎被柔毛。叶圆形，常 5~7 裂或角裂，基部心形，裂片三角状圆形，边缘具细锯齿，并极皱缩扭曲，两面无毛至疏被糙伏毛或星状毛，在脉上尤为明显；叶柄瘦弱，疏被柔毛。花小，白色，单生或几个簇生于叶腋，近无花梗至具极短梗；小苞片 3 片，披针形，疏被糙伏毛；萼浅杯状，5 裂，裂片三角形，疏被星状柔毛；花瓣 5，较萼片略长。果扁球形，网状，具细柔毛；种子肾形，暗黑色。花期 6~9 月。

二、生境分布

生于平原、山野、林地边、村落周边等处。分布于湖南、四川、贵州、云南、江西、甘肃、福建等地。

三、栽培技术

1. 整地

冬葵喜冷凉湿润气候，不耐高温和严寒，但耐低温、耐轻霜，低温还可提高品质。对土壤的要求不严，不论瘠薄、肥沃均可种植。园区选择排水良好的疏松肥沃的土壤。播前每亩施腐熟的有机肥 2000~3000 千克，三元复合肥 20 千克作基肥。深翻耙平，做成 1.2~1.5 米宽平畦待用。

2. 育苗

冬葵可直播，也可育苗移栽。育苗播种前种子应先催芽，苗床整平后，打

透底水，再均匀地撒上种子，盖上约 1 厘米厚的细土草木灰混合的肥土，以盖严种子为度，而后再铺上覆盖物，防止烈日灼伤种芽和水分蒸发。

幼芽出土后便可揭去覆盖物，并及时浇水。苗期要注意经常浇水，做好锄草施肥等管理工作。苗期经 20~30 天即可起苗定植。按株行距 20 厘米定植，每穴 2 株。

3. 田间管理

定苗：在幼苗长到 3 叶 1 心时，要及时进行间苗（株距为 5 厘米），幼苗 5 片叶时定苗，株行距为 15 厘米 ×25 厘米。苗期杂草生长旺盛，要及时除草，同时进行中耕松土，防止土壤板结，促进根系的发育。

水肥管理：定苗后，结合浇水追施 46% 尿素 1 次，每亩用量 5~7 千克。进入采后期后，为防止菜体内硝酸盐残留超标，停止追施速效氮肥。

4. 病虫害防治

冬葵病虫害较少。但生长期间需注意防治蚜虫及其传播的病毒病。根据蚜虫对黄色的正趋性和对银灰色的负趋性，生长前期可利用黄板诱蚜或用银灰色膜避蚜。蚜虫点片发生时，就要加强防治。

5. 采收

当冬葵株高 20~25 厘米时，可进行第一次采收，如果季节适宜，出苗后 25~30 天，即可开始采收。春季生长旺盛期，7~10 天采收 1 次，采收时茎基部留 1~2 节，以免侧枝过多，影响产量和品质；秋季气温较低，采收期长，可 15~20 天采收 1 次。冬葵春季可采收 4~5 次，秋季可采收 3~4 次。

四、应用价值

1. 药用价值

嫩苗或叶入药。夏、秋季采收，鲜用。性寒，味甘。有清热、利湿、滑肠、通乳之功效，用于肺热咳嗽、咽喉肿痛、热毒下痢、湿热黄疸、二便不通、乳汁不下、疮疖痈肿、丹毒。

2. 营养价值

鲜冬葵嫩茎叶含有蛋白质、脂肪、粗纤维、维生素、胡萝卜素、碳水化合物、钙、磷、铁等营养成分。

五、膳食方法

冬葵幼苗或嫩茎叶营养丰富，可供食用，可炒食、做汤、做馅，柔滑味美、清香。老叶可晒干制粉，与面粉一起蒸食。

1. 清炒冬葵

食材：冬葵嫩茎叶、蒜、葱、姜。

做法：把冬葵嫩茎叶洗净切成段；用大火热油，加入葱花、姜丝、蒜，炝出香味，将冬葵倒入炒熟，点入调味料翻炒均匀即可。

2. 冬葵菜汤

食材：冬葵嫩叶、食用碱。

做法：先将冬葵嫩叶洗净，切碎；锅里放适量水，把冬葵嫩叶、纯碱一起放进去，开始煮。熬到汤呈现浓稠状态，加适量盐和鸡精调味即可。

3. 冬葵菜海鲜粥

食材：冬葵嫩叶、大米、虾、海蛎、姜。

做法：先将冬葵嫩叶洗净，切碎备用；把大米熬成粥，加入冬葵嫩叶、虾、海蛎、姜丝等再熬 5 分钟，加调味料即可。

●学名●
Hibiscus syriacus Linn.

木槿

别名：木槿花、肉花、木槿叶、白木花树、白木槿花、白木槿树、白水锦、白水锦花、芙蓉麻、红木槿花、槿柳条、槿树条、篱笆花、牡丹木槿、木槿树、木菊花、重瓣紫花、紫槿

科属：锦葵科木槿属

一、形态特征

落叶灌木，高 3~4 米，小枝密被黄色星状绒毛。叶菱形至三角状卵形，具深浅不同的 3 裂或不裂，有明显三主脉，先端钝，基部楔形，边缘具不整齐齿缺，

下面沿叶脉微被毛或近无毛；叶柄上面被星状柔毛；托叶线形，疏被柔毛。花单生于枝端叶腋间，花梗被星状短绒毛；小苞片6~8片，线形，密被星状疏绒毛；花萼钟形，密被星状短绒毛，裂片5片，三角形；花钟形，色彩有纯白、淡粉红、淡紫、紫红等，花形呈钟状，有单瓣、复瓣、重瓣几种。直径花瓣倒卵形，外面疏被纤毛和星状长柔毛；花柱枝无毛。蒴果卵圆形，密被黄色星状绒毛；种子肾形，成熟种子黑褐色，背部被黄白色长柔毛。花期7~10月。

二、生境分布

生于庭院、房前屋后、菜园、苗圃及绿篱。分布于台湾、福建、广东、广西、云南、贵州、四川、湖南、湖北、安徽、江西、浙江、江苏、山东、河北、河南、陕西等省区，有栽培。

三、栽培技术

1. 整地

木槿对环境的适应性很强，较耐干燥和贫瘠，对土壤要求不严格，在重黏土中也能生长。园地一般以垃圾土或腐熟的厩肥等农家肥为主，每平方米施入厩肥6千克、火烧土1.5千克、钙镁磷75克作为基肥。为获得较高的产量，便于田间管理及鲜花采收，可采用单行垄作栽培，垄间距110~120厘米，株距50~60厘米，种植穴或种植沟内要施足基肥。

2. 育苗

木槿扦插成活率高，扦插材料的取得也较容易，因而常以扦插法繁殖。扦插育苗宜在早春枝叶萌发前进行。插前整好苗床，按畦带沟宽130厘米、高25厘米作畦，扦插要求沟深15厘米、沟距20~30厘米、株距8~10厘米，插穗上端露出土面3~5厘米或入土深度为插条的2/3，插后培土压实，及时浇水。扦插苗一般1个月左右生根出芽。

3. 定植

移栽定植最好在幼苗休眠期进行，也可在多雨的生长季节进行。移栽时要剪去部分枝叶以利成活。定植后应浇1次定根水，并保持土壤湿润，直到成活。

栽培上也可利用当年扦插、当年开花的特性，按育苗移栽的密度扦插。第二年后，在春季萌芽前按一定的密度间苗，保证木槿当年生长有足够的营养面积，以利于鲜花高产。

4. 田间管理

肥水管理：当枝条开始萌动时，应及时追肥，以速效肥为主，促进营养生长。现蕾前追施 1~2 次磷、钾肥，促进植株孕蕾。5~10 月盛花期间结合除草、培土追肥 2 次，以磷钾肥为主，辅以氮肥，以保持花量及树势。冬季休眠期间进行除草清园，在植株周围开沟或挖穴施肥，以农家肥为主，辅以适量无机复合肥，以供应来年生长及开花所需养分。长期干旱无雨天气，应注意灌溉，而雨水过多时要排水防涝。

整形修剪：新栽植株，在前 1~2 年可放任其生长或轻修剪，即在秋冬季将枯枝、病虫弱枝、衰退枝剪去。树体长大后，应对植株进行整形修剪。整形修剪宜在秋季落叶后进行。一是合理选留主枝和侧枝，将多余主枝和侧枝分批疏除，使主侧枝分布合理，疏密适度。二是对主枝和侧枝重回缩，新枝头分枝方向要正，对外围过密枝要合理疏剪，以便通风透光。三是对一年生壮花枝开花后缓放不剪，翌年将其上萌发旺枝和壮花枝全部疏除，留下中短枝开花。内膛较细的多年生枝不断进行回缩更新，对中花枝在分枝处短截，可有效调节枝势，促进花芽质量提高。四是对外围枝头进行短截，剪留外芽，一般可发 3 个壮枝，将枝头竞争枝去掉，其他缓放，然后回缩培养成枝组。开张型木槿枝条角度大，枝条开张，抽生旺枝和中花枝比直立型强一些，可将其培养成丛生灌木状。

5. 虫害防治

木槿常发生的害虫主要为蚜虫、卷叶蛾、尺蠖。防治方法：可用粘虫黄板诱杀蚜虫；也可以利用蚜虫的天敌，如瓢虫、草虫、食蚜蝇、小花虫、茧蜂、蚜小蜂等进行防治。如果田间有一定量的益虫，可以通过保护蚜虫的天敌来控制蚜虫，而不是盲目施药，这也是发展绿色生态农业所倡导的。

防治刺蛾可用采摘、敲击、挖掘等方法收集虫茧，并挖坑深埋，可有效减少虫口密度。刺蛾小幼虫多群集危害，可以人工摘除消灭；也可利用其成虫的趋光性，设置黑光灯诱杀，效果很好。

6. 采收

木槿花期甚长，从 5 月开始直至 10 月终花，花朵晨开暮谢，故有"朝开暮谢花"之称。因此，作蔬菜食用之花应每天清晨进行采摘。如需加工晒干，应该选在晴天露水干后采摘并立即摊晒。

四、应用价值

1. 药用价值

花入药。夏、秋季选晴天早晨，花半开时采摘，晒干。性凉，味甘、苦。有清热利湿、凉血解毒之功效，用于治疗肠风泻血、赤白下痢、痔疮出血、肺热咳嗽、咳血、疮疖痈肿、烫伤。

2. 营养价值

木槿花含蛋白质、脂肪、粗纤维、皂甙，以及还原糖、维生素 C、氨基酸、铁、钙、锌等物质。

五、膳食方法

木槿花蕾，食之口感清脆，完全绽放的木槿花，食之滑爽，可做汤、清炒等。

1. 木槿花瘦肉汤

食材：鲜木槿花、猪瘦肉。

做法：将刚采摘的木槿花用清水洗净，猪瘦肉剁成肉泥，两者一起炖 1 小时，点入调味料。

2. 木槿花煎鸡蛋

食材：鲜木槿花、鸡蛋。

做法：将鲜木槿花洗净，沥干，再切碎，打入鸡蛋拌匀，用油煎熟即可。

3. 木槿砂仁豆腐汤

食材：木槿花、砂仁、嫩豆腐。

做法：热锅，加花生油烧八成热，放入砂仁和生姜末炒出香味，捞去渣，加清水 500 毫升，放入豆腐片煮开。木槿花去蒂洗净，投入锅内再煮沸，加入细盐、味精调味，淋香油少许即成。

仙人掌科

●学名●
Epiphyllum oxypetalum (DC.) Haw.

昙花

别名： 琼花、鬼仔花、风花、金钩莲、昙华、昙华、月下美人、凤花、叶下莲

科属： 仙人掌科昙花属

一、形态特征

附生肉质灌木植物，高 2~6 米，老茎圆柱状，木质化。分枝多数，叶状侧扁，披针形至长圆状披针形，先端长渐尖至急尖，或圆形，边缘波状或具深圆齿，基部急尖、短渐尖或渐狭成柄状，深绿色，无毛，中肋粗大，于两面突起，老株分枝产生气根；小窠排列于齿间凹陷处，小形，无刺，初具少数绵毛，后裸露。花单生于枝侧的小窠，漏斗状，于夜间开放，芳香；花托绿色，略具角，被三角形短鳞片；花托筒多少弯曲，疏生披针形鳞片，鳞腋小窠通常无毛；萼状花被片绿白色、淡琥珀色或带红晕，线形至倒披针形，先端渐尖，边缘全缘，通常反曲；瓣状花被片白色，倒卵状披针形至倒卵形，先端急尖至圆形，有时具芒尖，边缘全缘或啮蚀状；雄蕊多数，排成两列；花丝白色；花药淡黄色；花柱白色；柱头 15~20 个，狭线形，先端长渐尖，开展，黄白色。浆果长球形，具纵棱脊，无毛，紫红色。种子多数，卵状肾形，亮黑色，具皱纹，无毛。

二、生境分布

生于富含腐殖质的沙壤土，喜阴湿和多雾环境，不宜暴晒，不耐寒。热带地区可栽培于庭园，一般只作盆栽，温带地区常栽培于温室。全国各地广为栽培。

三、栽培技术

1. 土壤

昙花喜半阴的环境。盆栽用排水良好、肥沃的腐叶土，不宜太湿，夏季保

持较高的空气相对湿度。避免阵雨冲淋，以免浸泡烂根。生长期每半月施肥 1 次，初夏现蕾开花期，增施磷肥 1 次。肥水施用合理，能延长花期，肥水过多，过度荫蔽，易造成茎节徒长，相反影响开花。

2. 光照

春、秋季节可放在室外半阴处培养，但要防止阳光直晒，夏季适合放在室内光线明亮、通风良好的地方，也可以放在北面阳台上或大树阴下，但要避免阳光直射，否则极易引起变态茎萎黄，降低观赏价值。冬季要入温室，放在向阳处，要求光照充足，越冬温度以保持 10~13℃ 为宜。

3. 管理

浇水：夏季应保持盆土湿润，不可积水，以免烂根。搭荫棚以避阳光直射。夏季多浇水，早晚喷水 1~2 次，以增加空气湿度，避开阵雨冲淋，以免浸泡烂根。春、秋季浇水应减少，冬季要严格控制浇水，保持盆土不太干即可。

施肥：秋季可追施腐熟液肥，没有足够的养分，不易开花或开花少。秋季去掉遮阴设备，增强光照。春秋季每月施氮肥一次，浓淡相宜。冬季入室勤水、停肥，放在有光照处，控制它的生长。冬季室温过高时，从基部常常萌发繁密的新芽，应及时摘除，以免消耗养分影响春后开花；春季随着气温的升高，不宜过多浇水和施肥，以免引起落蕾。

生长期每半月施一次腐熟饼肥水，也可加硫酸亚铁同时施用。现蕾开花期增施一次骨粉或过磷酸钙。肥水施用恰当，能延长开花时间。肥水过多，过于遮阳，会造成茎节徒长，影响开花。而暴晒或阳光太强烈，则使变态茎萎缩发黄。

整形：昙花植株自身生长可以到达 1 米以上，为了有更高的观赏价值，要适当修剪。同时，还可以根据自己的喜好进行造型。

4. 病虫害防治

主要虫害是介壳虫、蚜虫、白飞虱等。防治方法：当发现介壳虫和蚜虫等为害时，应适当通风；可用粘虫黄板诱杀蚜虫；也可以利用蚜虫的天敌，如瓢虫、草虫、食蚜蝇、小花虫、茧蜂、蚜小蜂等进行防治。如果田间有一定量的益虫，可以通过保护蚜虫的天敌来控制蚜虫，而不是盲目施药，这也是发展绿色生态农业所倡导的。

主要病害是叶枯病。防治方法：可用 50% 托布津可湿性粉剂 1000 倍液进行喷洒。

5. 采收

6~10 月花开后采收，置通风处晾干，备用。

四、应用价值

1. 药用价值

花入药。6~10 月花开后采收，置通风处晾干。性平，味甘。有清肺止咳、凉血止血、养心安神之功效，用于肺热咳嗽、肺痨、咯血、崩漏、心悸、失眠。

2. 营养价值

昙花含有大量的维生素，包括维生素 C 和 B 族维生素，也含有各种矿物质元素，有钙、磷、镁、钾、铁等，卵磷脂和氨基酸含量也比较高。

五、膳食方法

采食鲜昙花，可煲汤、清炒等；干品可用以冲泡、炖汤或做茶。如昙花蛋汤、昙花肉汤、昙花紫菜汤、昙花茶等。

1. 昙花瘦肉汤

食材：鲜昙花、猪瘦肉。

做法：将鲜昙花洗净，用手撕开，猪瘦肉剁成泥，两者一起加水炖 1 小时，放入调味料即可。

2. 昙花百合猪肺汤

食材：干昙花、猪肺、百合。

做法：将干昙花洗净，泡 10 分钟，百合、猪肺洗净，一起炖 1 小时，放入调味料即可。

3. 昙花炒肉片

食材：鲜昙花、猪瘦肉。

做法：将鲜昙花洗净，切片，猪瘦肉切片。用油炒香姜、蒜，再放入昙花、肉片，炒熟，放入调味料，炒匀上盘。

野
牡
丹
科

●学名●
Sarcopyramis napalensis Wall.

楮头红

别名： 肉穗草、风柜斗草、楮头红
科属： 野牡丹科肉穗草属

一、形态特征

直立草本，高 10~30 厘米；茎四棱形，肉质，无毛，上部分枝。叶膜质，广卵形或卵形，稀近披针形，顶端渐尖，基部楔形或近圆形，微下延，边缘具细锯齿，3~5 基出脉，叶面被疏糙伏毛，基出脉微凹，侧脉微隆起，背面被微柔毛或几无毛，基出脉、侧脉隆起；叶柄具狭翅。聚伞花序，生于分枝顶端，有花 1~3 朵，基部具 2 枚叶状苞片；苞片卵形，近无柄；花梗四棱形，棱上具狭翅；花萼四棱形，棱上有狭翅，裂片顶端平截，具流苏状长缘毛膜质的盘；花瓣粉红色，倒卵形，顶端平截，偏斜，另一侧具小尖头；雄蕊等长，花丝向下渐宽，花药长为花丝的 1/2，药隔基部下延成极短的距或微突起，距长为药室长的 1/4~1/3，上弯；子房顶端具膜质冠，冠缘浅波状，微 4 裂。蒴果杯形，具四棱，膜质冠伸出萼 1 倍；宿存萼及裂片与花时同。种子多数，倒卵形，上面有显著的凸点。花期 8~10 月，果期 9~12 月。

二、生境分布

生于密林下阴湿的地方或溪边。分布于西藏、云南、四川、贵州、湖北、湖南、广西、广东、江西、福建等地。福建、广东等地有栽培。

三、栽培技术

1. 整地

楮头红喜欢阴湿地。因此，园区宜选择林木健壮的杉木林、阔叶林或竹林

等作为种植林，山坡、山谷两侧均可，要求土壤疏松肥沃，腐殖质层厚、湿润。林下光照条件适度，最适宜的荫蔽度为 70% 左右。施足基肥，以钙镁磷肥为主，以亩种植地施 50 千克左右的肥料为宜。平地要修建排水沟，预防水患；山地种植要安装喷灌设施，旱季浇水灌溉。

2. 育苗

播种育苗：宜在春季 2~3 月播种。在前一年的果收期采摘取种，选择饱满、成熟的种子，晾干备用，也可在采种后直接播种。播种前整畦耙地，浇水灌溉，保持土壤湿润。播种方式有 2 种，一种是直接在畦上均匀撒播种子，播种后细土覆盖，土层厚度以不超过 0.5 厘米为度；另一种是采用火烧土，将种子与火烧土充分混合后，在畦上均匀撒播，播种后细土覆盖，无须压实。注意保持土壤湿润度，及时喷水。火烧土的吸水性和保水性较好，含磷钾成分，将其与种子混播可促进植株生长。播种后为促进种子出苗，应维持适宜的空气相对湿度和土壤含水量，适时施肥，保证养分。

野生苗移植：选取植株健壮的野生苗作为种苗。雨后的土壤疏松湿润，适合移植。移苗后快速栽种，不要耽搁。种苗应剪去上部 2/3（超过 5 厘米部分），留头部及萌发芽进行种植，用土轻轻覆盖压实，防止植株破损，深度以 2 厘米为宜，栽种行距 5 厘米 ×（5~10）厘米。移植后应及时灌溉，保持土壤湿润。

3. 田间管理

控制土壤含水量：土壤含水量过高或过低都将影响植株的生长，甚至造成过早枯萎。通常土壤含水量应控制在 40% 左右。刚播种或种苗新移植后，应及时浇水，保持土壤湿润，后续根据土壤状况及时采取喷灌或排水措施，有效控制土壤含水量。

施肥：仿野生种植尽量不施肥。施肥时遵循分次、少量、肥轻的原则，施肥频率适度，每年不超过 2 次，肥料以有机农家肥为主，少量优质无机肥料为辅，无机肥亩用量不应超过 1 千克，可兑水喷洒。

除草：楮头红的种植地常伴有其他杂草和林木的枯枝落叶，杂草的生长会占用种植资源，过多的枯枝落叶会覆盖和损伤植株，不利于楮头红的生长发育。田间管理时应及时清除杂草和枯枝落叶，可手工拔草，或用专用小锄轻除。为了保持土壤疏松，也应适当除草松土，浅松土，忌中耕，以免破坏根茎。

除苗移苗：在生长过程中，应注意清除枯、残、弱苗，保证正常苗木的生长发育。若植株过密，应将多余的优良植株移植到稀疏的地方进行栽培，也可视情况及时采收过密的苗木。

牲畜鸟禽防护：防止林中的牲畜、鸟禽对其踩踏、啄食、破坏，适当增加防护和驱赶设施。

4. 采收

楮头红为一年生草本，新种植地可在当年底用剪刀采收一部分，剪除成熟植株，留茬 1.5 厘米左右，采收期选在每年 12 月至翌年 1 月为宜。植株采集后进行简单的加工处理，去除茎叶根部的泥土，平铺晒干或晾干。

四、应用价值

1. 药用价值

全草入药。秋、冬二季采收，晒干。性凉，味酸。有清肺热、去肝火之功效，用于肝炎、肺热咳嗽、头晕、耳鸣、目赤羞明、风湿痹痛。

2. 营养价值

楮头红含有游离苷类、酚类、鞣质类等物质，含量较高的多糖和较丰富的人体所必需的营养元素。

五、膳食方法

采摘楮头红全草，可用于煲汤，如楮头红煲肉汤等，味略酸。

1. 楮头红小肠汤

食材：鲜楮头红、小肠。

做法：新鲜楮头红洗干净，猪小肠用面粉和食盐处理干净，切小段。用大火把楮头红煮开，再放入小肠，煮熟，多加点白糖，调味即可。

2. 楮头红煲肉汤

食材：鲜楮头红、猪肉。

做法：新鲜楮头红洗干净，猪肉剁泥，两者一起用隔水锅炖 1 小时，食用前调好味即可。

●学名●
Hydrocotyle sibthorpioides Lam.

天胡荽

别名: 遍地锦、遍地金、地芫荽、鹅不食草、破铜钱、千金方、石胡荽、小金钱草、小铜钱草、小叶金钱草、小叶铜钱草、星星草、野芫荽、野圆荽、水芫荽、天胡妥、野胡荽

科属: 伞形科天胡荽属

一、形态特征

多年生草本，有气味。茎细长而匍匐，平铺地上成片，节上生根。叶片膜质至草质，圆形或肾圆形，基部心形，两耳有时相接，不分裂或5~7裂，裂片阔倒卵形，边缘有钝齿，表面光滑，背面脉上疏被粗伏毛，有时两面光滑或密被柔毛；叶柄无毛或顶端有毛；托叶略呈半圆形，薄膜质，全缘或稍有浅裂。伞形花序与叶对生，单生于节上；花序梗纤细；小总苞片卵形至卵状披针形，膜质，有黄色透明腺点，背部有1条不明显的脉；小伞形花序有花5~18朵，花无柄或有极短的柄，花瓣卵形，绿白色，有腺点；花丝与花瓣同长或稍超出，花药卵形。果实略呈心形，两侧扁压，中棱在果熟时极为隆起，幼时表面草黄色，成熟时有紫色斑点。花果期4~9月。

二、生境分布

通常生长在海拔475~3000米湿润的草地、河沟边、林下。分布于陕西、江苏、安徽、浙江、江西、福建、湖南、湖北、广东、广西、台湾、四川、贵州、云南等地。

三、栽培技术

1. 整地

天胡荽较耐寒亦耐高温，喜潮湿、耐水渍，而怕干旱。园区选择在排灌方

便、水源清洁、空气洁净、土层较厚、肥力较高的缓坡地、微潮沙壤土地块。于播种、移栽前 5~7 天深翻 20~25 厘米，结合翻耕施用 2000 千克／亩栏粪肥、1000 千克／亩草木灰作基肥，翻后敲碎土块，开沟作畦，整成连沟 1.5 米的微弓形垄畦，在畦面上开沟距 20 厘米、沟深 5~7 厘米的浅横沟，移栽的在沟内间距 10~15 厘米栽入根茎苗，栽后随即用 10% 的稀薄人粪尿或兑水 50% 的沼液浇施定根水，以利发根，促其早发。

2. 育苗

通过采集自然野生苗、栽种地分苗和采收留苗方式进行，采苗、分苗栽种除 5~6 月花果期不利成活、需要倍加管护外，其余生长季节栽种均易成活。采收留苗的，只要在采收时按规定密植要求，每穴（处）留置 5~6 根长约 10 厘米的根茎后，加以施肥管理便可；但是在连种 2~3 年后，要进行 1 次翻耕或轮作。

3. 田间管理

查苗补缺：移栽成活后 2~4 天，应对出苗和栽后成活情况进行 1 次检查，发现有缺株死苗的，应先取壮苗予以补缺，对补缺苗最好用稀薄人粪尿浇施定根水，以保成活，促进发棵，达到匀苗齐长的目的。

杂草防除：天胡荽属于地被类铺地生长草本，一旦发生草害，相比其他高杆作物损失更重，不仅影响产量和品质，还增加采收和捡拾用工。尤以在播种、移栽初期，由于地面覆盖度低，更有利于杂草生长而形成草害。因此，在播种、移栽初期，茎叶未封垄前，结合施肥，应通过中耕除草与手工拔除相结合的方法除草 2~3 次，以免草害发生。

中耕施肥：中耕施肥要求在即将封垄前结束，一般在播种出苗后匍匐茎长至 10~15 厘米、移栽后 10 天左右，用腐熟澄清人粪尿 1000 千克／亩，或沼液 1500 千克／亩，或市售精制有机肥 100 千克／亩进行第一次中耕施肥，过 10~15 天用同样的施用量进行第二次中耕施肥，封垄后不再进行中耕施肥。每次采收后，对所留根茎用腐熟栏粪肥 1500 千克／亩、草木灰 1000 千克／亩开沟条施并培土。若在封垄后采收不及时，土壤肥力不高，养分供应不济，可用磷酸二氢钾或叶面肥等叶面喷施 1~2 次。

抗旱防渍：天胡荽虽喜阴湿环境，但也怕浸渍积水为害，如遇地下水位偏高地块，应注意开设排水沟降低地下水位，防止浸渍为害；如逢多雨天气应做好清沟排水，以防积水的不利影响，促进根系下扎；如遇干旱无雨天气，应灌沟水抗旱，不能灌水的应浇水护苗，以保健壮生长。

4. 病虫害防治

天胡荽病虫害发生的种类并不多，为害也不甚严重，生产上发生的病虫害主要有叶甲类、叶枯病、白粉病等。在注意搞好田园卫生、加强栽培管理、注意合理轮作的基础上，进行必要的谨慎用药，将病虫害防治在初始阶段，便可控制其发生为害。叶枯病、白粉病可用多菌灵、百菌清等兑水喷雾防治。

5. 采收

作为食用，一般在茎叶封行时开始采食，一直可采收到4月底至5月上旬始花时止。到了盛花期后，由于茎叶组织老化，纤维素含量增多，食用口味随之变差，故一般不再作采收食用。作为药用，一般可在封垄后10~15天至盛花期采收，这样有利于产量的提高，达到高产高效的目的。采收后捡去基部黄叶、杂草，洗净后以供食用或晒干后备作药用或销售。

四、应用价值

1. 药用价值

全草入药。夏、秋季采收全草，洗净，鲜用或晒干。性凉，味辛、微苦。有清热利湿、解毒消肿之功效，用于黄疸、痢疾、水肿、淋症、目翳、喉肿、痈肿疮毒、带状疱疹、跌打损伤。

2. 营养价值

天胡荽含有维生素、氨基酸、酸类及钙、磷、镁、钾、铁等营养物质。

五、膳食方法

天胡荽通常可以当菜吃，全年可以采摘，新鲜的泡茶，也可以洗净后晒干备用茶饮，还被广泛用作凉拌、炖排骨汤、炒着吃等，可算是一种美味佳肴。

1. 凉拌天胡荽

食材：新鲜天胡荽。

做法：新鲜采摘的天胡荽洗净，焯水，清除一下绿色植物里的草酸，可根据自己的口味调味，盐、味精、香油、炒熟的花生捣成碎半搅拌均匀，装盘即可。

2. 天阴荽排骨汤

食材：新鲜天胡荽、猪排骨。

做法：新鲜采摘的天胡荽洗净，猪排骨剁成小块焯水后，两者一起用煲汤锅煲 1 小时，加入适当的调味材即可。

●学名●
Oenanthe javanica (Bl.) DC.

水芹

别名： 水芹菜、野芹菜、河芹、辣野菜、马芹、爬地芹、芹菜、水芹菜、水蕲、水英、小叶芹、野芹、野水芹、刀芹、富菜、沟芹、细叶山芹菜、爪哇水芹

科属： 伞形科水芹属

一、形态特征

多年生草本植物，高 15~80 厘米，茎直立或基部匍匐。基生叶有柄，基部有叶鞘；叶片轮廓三角形，1~3 回羽状分裂，末回裂片卵形至菱状披针形，边缘有牙齿或圆齿状锯齿；茎上部叶无柄，裂片和基生叶的裂片相似，较小。复伞形花序顶生；无总苞；伞辐 6~16 个，不等长，直立和展开；小总苞片 2~8 片，线形；小伞形花序有花 20 余朵；萼齿线状披针形，长与花柱基相等；花瓣白色，倒卵形，有一长而内折的小舌片；花柱基圆锥形，花柱直立或两侧分开。果实近于四角状椭圆形或筒状长圆形，侧棱较背棱和中棱隆起，木栓质，分生果横剖面近于五边状的半圆形。花期 6~7 月，果期 8~9 月。

二、生境分布

生于低湿地、浅水沼泽、河流岸边，或生于水田中。全国各地都有分布。

三、栽培技术

1. 整地

水芹喜湿润、肥沃土壤，耐涝及耐寒性强。水芹园区选择在以土层深厚、富含有机质的黏土地块。每亩施腐熟人畜粪尿 1000 千克，结合深翻 20~30 厘米，进行细耙，使田土达到平、光、烂、细。

2. 育苗

选择茎叶产量高、耐寒、香味浓、生长健壮、分枝集中、节间较短的植株作种株，春季栽植于留种田。种植株距 10~15 厘米，行距 20~30 厘米，栽植不宜太深，每穴 1 株。种株栽植前每亩施腐熟厩肥 1500 千克，耙平后栽植灌水。秋季时一株母株已长有 10 余个分蘖，即可供大田栽植。

3. 定植

定植密度为（5~10）厘米 × （20~30）厘米，每丛 3~4 株，覆土压实后立即浇水，小水漫灌。缓苗期间宜小水勤浇，保持地表湿润，促发须根，如温度适宜，10~15 天便可长出新叶。

4. 田间管理

水肥管理：需肥量大，结合灌水追施氮肥 3 次，第一次追肥于新苗出齐时，第二次追肥于植株旺盛生长阶段，第三次追肥在植株基本停止生长时。整个生长期根据天气、土壤情况适时控水，促使幼苗苗壮成长。苗期蹲苗 10 天左右可促使叶柄增粗，增强植株的适应性。到秋分前每隔 3~5 天浇 1 次水，若天气炎热则每天勤浇小水。

中耕除草：栽植后约 1 个月，苗高 8~10 厘米时，中耕除草，并进行匀苗，以便通风透光。活棵后至植株旺盛生长前防除杂草，并结合除草中耕 2~3 次。

5. 病虫害防治

水芹一般病虫害较少，但在高温湿润时，会出现腐烂病和锈病。采取加强田管，控制湿度，多施磷、钾肥，增施草木灰等措施，以增强植株的抗病能力。

6. 采收

水芹长至 20 厘米左右开始采收，可一次采收完毕，也可分批移栽，分批采收。采收时避免伤害根茬，以免影响下茬生长。

四、应用价值

1. 药用价值

全草入药。9~10月采割地上部分，晒干。性凉，味甘辛。有清热、利水之功效，用于治暴热烦渴、黄疸、水肿、淋病、带下、瘰疬、痄腮。

2. 营养价值

水芹中含有蛋白质、脂肪、碳水化合物、膳食纤维、维生素、挥发油、甾醇类、醇类、脂肪酸、黄酮类、氨基酸等物质。

五、膳食方法

采摘水芹的嫩茎叶食用，可以凉拌、炒食，也可以做成粥或汤。

1. 黄花水芹瘦肉汤

食材：水芹的嫩茎叶、黄花菜干、瘦猪肉。

做法：新鲜水芹菜洗净切小段，黄花菜干泡开，瘦猪肉切条，一起煮熟，加盐调味。

2. 清炒水芹菜

食材：水芹的嫩茎叶。

做法：准备适量的新鲜水芹菜，将它清洗干净，再切成段。锅里放入植物油，烧热后倒入处理好的水芹菜，翻炒过程中加入少量的盐，直到炒熟炒香就可以装入盘中慢慢享用了。清炒水芹菜的口感比较清香。

3. 水芹菜炒豆干

食材：水芹的嫩茎叶、臭豆干。

做法：准备适量的新鲜水芹菜和适量的新鲜臭豆干，把两者清洗干净后全部切好，水芹菜切成段状，臭豆干切成条状。锅里面放入油烧热后，把两者倒进去进行翻炒，再加入少量醋和盐，直到将其炒香即可。

4. 凉拌水芹菜

食材：水芹的嫩茎叶。

做法：准备新鲜的水芹菜适量，清洗干净，再放到烧开的水中烫，3分钟左右将其捞出，摆到碗里，再加入少量的食用盐、醋和味精，搅拌均匀即可。

马鞭草科

●学名●
Clerodendrum cyrtophyllum Turcz.

大青

别名： 白花鬼灯笼、臭大青、大青木、大青叶、大叶青、淡婆婆、鸡屎木、蓝靛叶、路边青、木本大青、牛耳青、青草心、青心草、山靛、山靛青、白花臭青、大青鬼灯笼、牛屎青、山皇后、细叶臭牡丹

科属： 马鞭草科大青属

一、形态特征

落叶灌木或小乔木植物，株高 1~10 米。幼枝被短柔毛，枝黄褐色，髓坚实；冬芽圆锥状，芽鳞褐色，被毛。叶片纸质，椭圆形、卵状椭圆形、长圆形或长圆状披针形，顶端渐尖或急尖，基部圆形或宽楔形，通常全缘，两面无毛或沿脉疏生短柔毛，背面常有腺点，侧脉 6~10 对。伞房状聚伞花序，生于枝顶或叶腋；苞片线形；花小，有橘香味；萼杯状，外面被黄褐色短绒毛和不明显的腺点，顶端 5 裂，裂片三角状卵形；花冠白色，外面疏生细毛和腺点，花冠管细长，顶端 5 裂，裂片卵形；雄蕊 4 枚，花丝与花柱同伸出花冠外；子房 4 室，每室 1 胚珠，常不完全发育；柱头 2 浅裂。果实球形或倒卵形，绿色，成熟时蓝紫色，为红色的宿萼所托。花果期 6 月至翌年 2 月。

二、生境分布

生于平原、丘陵、山地林下或溪谷旁。分布于中国华东及广西、广东、贵州、云南等地。

三、栽培技术

1. 整地

大青喜温暖湿润的环境，适宜在光照充足、肥沃的土壤上生长。因此，在山边田里种植，只要在环山坎脚处开设排水沟，结合翻耕，施足基肥，

按种植规格要求做成垄畦，碎土趟平便可种植。基肥一般采用堆肥或栏粪肥2000~3000千克/亩，磷肥40千克/亩全层匀施；如是商品有机肥则用500~800千克/亩，磷肥35千克/亩。

2. 育苗

一般于3月中旬至4月份进行露地播种，播种时将种子拌细沙均匀撒播于畦面后，用细沙：草木灰=1：0.5的混合土覆盖1厘米，然后在畦面上盖1层厚约1.5厘米的稻草，以便保持苗床湿润，避免浇水时冲移种子，过10~15天待种子即将出苗时将稻草揭去。做好苗期水分与施肥管理工作，一般苗期薄施人粪尿1~2次，锄草1次。

3. 定植

大青于11月中下旬冬季落叶后至翌年的3月中下旬萌芽前均可移栽，但以12月至1月栽种最适宜。移栽时如是苗木过于嫩长，可将顶部嫩茎剪去部分，留苗高30厘米左右；若是主根过长，则应剪去根端部分，以免栽种时根系扭曲。栽后随即用点穴浇水，以致根系与土紧密接触，便于成活。

4. 田间管理

及时查苗：栽移后当苗木开始萌芽（早栽的）或成活（迟栽的）后，进行查苗补缺，选用预留壮苗补植后，随即用水浇施，如在晴天补植的可用树枝等遮阴2~3天，以便成活。

中耕施肥：一般应分别于初冬时结合翻耕用有机肥700千克/亩施冬季基肥，到栽种3年以后，可在树旁两侧隔2年轮番断根深翻1次，结合施冬季基肥；2月下旬至3月初用三元复合肥50千克/亩或商品有机肥500千克/亩结合浅耕追施春季催芽肥；于5月上旬用三元复合肥50千克/亩或商品有机肥400千克/亩追施壮芽肥；于每次采摘顶部嫩梢后的1~2天，最好用叶面肥喷施1次，以便满足养分所需，促进侧芽发生。

锄草与水分：当年种植的大青叶，要及时清除杂草。小苗期刚好是高温多雨季节，要注意田间防涝，同时要及时把园区的杂草清理干净。种植第一年，根据园地情况要进行清除3~5次。

5. 病虫害防治

通常情况下大青不易遭受病虫为害，偶见叶锈病、白粉病、烟煤病、蚧螨类、蚜虫、斑衣蜡蝉等发生。但由于大青抗生性较强，并常采摘嫩梢供作食用，对其危害损失并不很大，只要通过加强园地管理；合理采摘嫩梢；结合冬季翻耕施肥，搞好冬季清园工作即可。可以在园内养鸡寻食害虫，一般便可有效控制其发生危害。

6. 采收

作为蔬菜食用的嫩茎芽，一般在 3~6 月采收。秋季也可采收，但产量较低。

四、应用价值

1. 药用价值

茎和叶入药。夏、秋季采收，洗净，鲜用或切段晒干。性寒，味苦。有清热解毒、凉血止血之功效，常用于外感热病，热盛烦渴、咽喉肿痛、口疮、黄疸、热毒痢、急性肠炎、痈疽肿毒、衄血、血淋、外伤出血。

2. 营养价值

大青嫩叶的营养价值很高，含有丰富的蛋白质、碳水化合物、维生素 C、胡萝卜素、钙、铁等多种营养元素。

五、膳食方法

春季采摘大青嫩茎叶作为蔬菜食用，可炒、做汤等，味苦回甘。

1. 素炒大青

食材：新鲜大青嫩茎叶。

做法：将新鲜大青嫩茎叶用清水洗净，在开水中焯一下，过冷水，沥干备用；热锅放油，加入蒜片、姜片、辣椒丁等炒香，放入备用的大青，翻炒入味，点盐即可。

2. 大青汤

食材：新鲜大青嫩茎叶、猪小肠。

做法：将新鲜大青嫩茎叶用清水洗净，在开水中焯一下，过冷水，沥干备用；

猪小肠用盐和面粉清洗干净，切小段，用小火煲 1 小时后，加入备用大青嫩茎叶，再煲 10 分钟，调味即可。

3. 肉丝炒大青

食材：新鲜大青嫩茎叶、猪肉。

做法：将新鲜大青嫩茎叶用清水洗净，在开水中焯一下，过冷水，沥干备用；猪瘦肉洗净，切丝，放入热锅中煸炒，再加入大青嫩茎叶炒熟，点调味料即可。

唇形科

●学名●
Leonurus japonicus Houtt.

益母草

别名：益母蒿、益母艾、地母草、野黄麻、野麻、异叶益母草、益母、益母草子、益母夏枯、充蔚、山麻、野天麻、益母花、益母苦低草、郁臭草

科属：唇形科益母草属

一、形态特征

一年生或二年生草本。茎直立，通常高 30~120 厘米，钝四棱形，微具槽，有倒向糙伏毛，在节及棱上尤为密集，在基部有时近于无毛，多分枝，或仅于茎中部以上有能育的小枝条。叶轮廓变化很大，茎下部叶轮廓为卵形，基部宽楔形，掌状 3 裂，裂片呈长圆状菱形至卵圆形，裂片上再分裂，上面绿色，有糙伏毛，叶脉稍下陷，下面淡绿色，被疏柔毛及腺点，叶脉突出，叶柄纤细，由于叶基下延而在上部略具翅，腹面具槽，背面圆形，被糙伏毛；茎中部叶轮廓为菱形，较小，通常分裂成 3 个或偶有多个长圆状线形的裂片，基部狭楔形；花序最上部的苞叶近于无柄，线形或线状披针形，全缘。轮伞花序腋生，具 8~15 花，轮廓为圆球形，多数远离而组成长穗状花序；花梗无。花萼管状钟形，外面有贴生微柔毛，内面于离基部 1/3 以上被微柔毛，5 脉，显著，5 齿，前 2 齿靠合，后 3 齿较短，等长，齿均宽三角形，先端刺尖；花冠粉红至淡紫红色；雄蕊 4 枚，花药卵圆形，二室，花柱丝状，略超出于雄蕊而与上唇片等长，无毛；花盘平顶；子房褐色，无毛。小坚果长圆状三棱形，顶端截平而略宽大，基部楔形，淡褐色，光滑。花期通常在 6~9 月，果期 9~10 月。

二、生境分布

生于山野、河滩草丛中及溪边湿润处。全国各地均有分布。

三、栽培技术

1. 整地

益母草喜温暖潮湿的气候环境，一般土壤均可生长。园区选择向阳、肥沃疏松、排水良好的沙质壤土地块。播种前，深翻 25~30 厘米，亩施堆肥或厩肥 2000 千克，翻入土中，耙细整平，平地做 1.3 米宽的高畦或平畦，坡地可不开畦。四周开好排水沟，以利排水。

2. 育苗

种子繁殖方法有直播和育苗移栽。生产上多用直播，由于育苗移栽生长不良，且费工多，一般不采用。

播种时间：冬性栽培品种于秋季 9~10 月播种，春性栽培品种秋播时间与冬性益母草相同；春播于 2 月下旬至 3 月下旬为宜；夏播为 6 月下旬至 7 月。收获，海拔 1000 米以下地区，可一年两熟，即秋、春播种者于 6~7 月收获，随即整地播种，即可于当年 10~11 月收获。

播种方法：生产上多采用点播和条播。播种前将种子用火灰或细土拌匀，再适量用人畜粪水拌湿，称为"种子灰"，以便播种。点播按 25 厘米 ×23 厘米开穴，穴深 3~5 厘米，每穴施入人畜粪水 0.5~1 千克，将种子灰播入穴内，尽量使种子灰散开，不能丢成一团。播后不另覆土。点播亩用种子 300~400 克。条播者按行距 25 厘米开 5 厘米深的播种沟，播幅 10 厘米，沟中施入人畜粪水，将种子灰均匀地播入沟内，不另覆土。条播亩用种子 500 克。秋播 15 天左右出苗，春播 15~20 天出苗，夏播 5~10 天出苗。

3. 田间管理

间苗、补苗：要进行 2~3 次间苗，在苗高 5~7 厘米时开始进行，间去弱苗、过密苗；苗高 15~17 厘米时定苗，点播者每穴留苗 2~3 株；条播者按株距 10 厘米，错株留苗。定苗时如有缺窝、缺株，应随即补植。生产实践证明，益母草每亩基本苗 3 万 ~4 万株产量最高。

中耕除草：适时中耕除草，使地面疏松、无杂草。通常进行 3~4 次。种植密度大，中耕宜浅，除草宜勤。

施肥：结合中耕除草进行，肥料以氮肥为主，有机肥为好。每次每亩施人畜粪水 1000~1500 千克，饼肥 50 千克，46% 尿素 3~5 千克。幼苗期可适量减少尿素用量或不施用，以免烧苗。

排灌：应及时浇灌，以免干旱枯苗；雨后及时疏沟排水，以免苗溺死或黄化。

4. 病虫防治

益母草在生长中期内易发生白粉病和锈病。食用栽培的植株不宜过多使用化学药剂，应以防为主，或采用天然的植物制剂进行防治，如可用大蒜的浸出液防治白粉病，用烟草的浸出液杀灭地老虎等。观赏栽培的植株发生白粉病，可用 50% 可湿性多菌灵粉剂 500~800 倍液喷雾，锈病可用三唑酮（粉锈宁）进行喷雾防治。

虫害主要为地老虎、蚜虫；防治方法主要是物理诱杀。

5. 采收

3~4 月份采收的幼苗为童子益母草，采收全草以花开 2/3 时采收为宜。选晴天，用镰刀齐地割下地上部分，运回加工。采收种子（茺蔚子）以全株花谢、下部果实成熟时采收。

四、应用价值

1. 药用价值

新鲜或干燥地上部分入药。鲜品春季幼苗期至初夏花前期采割；干品夏季茎叶茂盛、花未开或初开时采割，晒干，或切段晒干。性微寒，味苦、辛。有活血调经、利尿消肿、清热解毒之功效，用于月经不调、痛经经闭、恶露不尽、水肿尿少、疮疡肿毒。

2. 营养价值

益母草嫩茎叶含有蛋白质、脂肪、碳水化合物、粗纤维、钾、钙等多种营养成分。

五、膳食方法

益母草嫩茎叶是一种保健食材，一般可以通过熬水、煮蛋、煲汤、清炒等方式进行食用。

1. 益母草煲鸡汤

食材：益母草、鸡。

做法：准备适量的益母草和一只活鸡，将活鸡宰杀，去除内脏，清洗干净，益母草也用清水清洗干净，沥干水分，然后两者一起放入锅中，再加入一些调味料，将其直接煲成鸡汤即可。

2. 益母草煲粥

食材：益母草、米。

做法：准备适量的大米淘洗干净，再准备少量的益母草清洗干净，把益母草切成碎片，然后两者一起入锅，加入适量的水直接煮成粥后即可。

3. 益母草鹌鹑蛋汤

食材：益母草、鹌鹑蛋。

做法：把新鲜益母草洗净，切成碎片入锅煮开，再打几个鹌鹑蛋入锅煮熟调味即可。

4. 素炒益母草

食材：鲜嫩益母草。

做法：把鲜嫩益母草放在水中浸泡，清洗干净后捞起沥干水分，并用刀切成段，然后在锅里放入少量植物油，将油烧热后放进益母草翻炒，再加盐，将其炒香后即可装盘。

●学名●
Platostoma palustre (Blume) A. J. Paton

凉粉草

别名： 仙草、仙人草、仙人冻
科属： 唇形科凉粉草属

■ 一、形态特征

一年生草本，直立或匍匐。茎高15~100厘米，分枝或少分枝，茎、枝四棱形，有时具槽，被脱落的长疏柔毛或细刚毛。叶狭卵圆形至阔卵圆形或近圆形，在小枝上者较小，先端急尖或钝，基部急尖、钝或有时圆形，边缘具或浅或深锯齿，纸质或近膜质，两面被细刚毛或柔毛，或仅沿下面脉上被毛，或变无毛。轮伞花序多数，组成间断或近连续的顶生总状花序，直立或斜向上，具短梗；苞片圆形或菱状卵圆形，稀为披针形，稍超过或短于花，具短或长的尾状突尖，通常具色泽；花梗细，被短毛。花萼开花时钟形，密被白色疏柔毛，脉不明显，二唇形，上唇3裂，中裂片特大，先端急尖或钝，侧裂片小，下唇全缘，偶有微缺，果时花萼筒状或坛状筒形，10脉及多数横脉极明显，其间形成小凹穴，近无毛或仅沿脉被毛；花冠白色或淡红色。小坚果长圆形，黑色。花果期7~10月。

二、生境分布

生于水沟边及干沙地草丛中，有栽培。分布于福建、台湾、浙江、江西、广东、广西等地。

三、栽培技术

1.整地

凉粉草对土壤条件要求不严，但以深厚、肥沃、疏松、湿润、富含腐殖质的沙壤土为好，在干旱贫瘠土壤上生长的植株矮小，生长缓慢。生产上，要选阳光充足、排灌方便、疏松肥沃的壤土种植为好。整地时每亩施入2000~3000千克农家肥作基肥，深耕、耙细整平，作成110厘米宽的畦。

2.育苗

凉粉草的根、茎或种子均可作为繁殖材料，大田生产一般采用无性繁殖方法，主要是扦插。凉粉草茎枝的再生能力极强，扦插繁殖的成活率高。选择健壮、无病虫害的嫩茎，剪成长10厘米左右，带有2~4节的插条，插植到以疏松、肥沃土壤为基质的苗床上。夏秋季覆盖透光率50%的遮阳网，防止阳光直射，冬春季用双拱棚保温。插后15天左右，轮流喷施0.25%尿素液肥或0.1%磷酸二氢钾叶面肥促生根，待苗长至18~25厘米时即可带土移栽。

3. 定植

3~7月份均可定植。根据地力及施肥水平高低合理密植，土壤肥沃、施肥水平高的密度要小，土壤瘦脊、施水平低的密度要大。一般按行株距30厘米×30厘米，每亩栽苗4000~6000株。移栽后及时淋透定根水。

4. 田间管理

定植后7~10天进行1次全面检查，发现死亡缺株的应及时补上同龄的小苗，保证全苗生产。定植后一般要75~90天才会封行，及时拔除杂草是最重要的管理。露地栽培封行前一般需要中耕除草3~4次；黑地膜覆盖栽培几乎不用除草，快要封行时，及时将黑地膜去除，进行1次中耕除草即可。

肥料的施用对凉粉草品质的影响极大。大量施用有机肥和人粪尿，不施化肥，可大大提高凉粉草品质。每亩施有机肥10000千克，有机肥与适当氮素施用，分2~3次追施，约于定植后30天施1/3，30天后再施用2/3，若分3次施用，于定植后每隔30天施1/3。凉粉草氮、磷、钾的施用比例一般为1∶1∶2，单施氮肥容易落叶，抗性差、产量低。施用氮肥过多或土壤有机肥含量低植株会出现缺钾现象，表现为叶片发红、叶片小，甚至停止生长，严重影响产量和质量，需及时补施钾肥或有机肥。

凉粉草喜湿怕渍。生长发育期间遇连续干旱，要及时浇灌，保持土壤湿润，但应防止长时间积水，雨季要注意疏通排水沟。

5. 病虫害防治

主要病害有根结线虫病、锈病、立枯病和萎凋病。实行水旱轮作是预防根结线虫病最为经济有效的措施。

虫害：叶部害虫有斜纹夜蛾、棉大卷叶螟、短额负蝗、线斑腿蝗、棉蝗、中华露螽、甘天蛾、点缘蝽、稻缘蝽、酸叶甲、仙蚜虫、小蝶、稻螟等；茎害虫有蛀茎虫；地害虫有小地老虎、蛴、东蝼蛄、大蟋蟀等。危害较严重的主要有斜纹夜蛾、蚜虫和地老虎。斜纹夜蛾和蚜虫在生长期间为害地上部茎叶，斜纹夜蛾可选用高效氯氰菊酯药剂防治；蚜可用蚜虱净防治。地老虎为害根和茎，应注意捕杀，或用鲜草毒饵进行诱杀。

6. 采收

生长较好的凉粉草可以在 6 月前采收，一般情况下在 7 月采收，注意要在凉粉草长出花蕾前采收，需要及时晒干，加工成凉粉收益更高。

四、应用价值

1. 药用价值

全草入药。夏季收割地上部分，晒干。性凉，味甘淡。有清暑、解渴、除热毒之功效，用于中暑、消渴、高血压，以及肌肉、关节疼痛。

2. 营养价值

凉粉草含有多糖、蛋白质、脂肪、碳水化合物、膳食纤维、维生素和矿物质元素等营养物质。

五、膳食方法

采摘嫩茎叶，可凉拌食用，也可以炒菜、煲汤，如凉拌凉粉草、清炒凉粉草、凉粉草豆腐汤等。

1. 凉拌凉粉草

食材：鲜嫩的凉粉草。

做法：把鲜嫩的凉粉草洗净、切段，焯熟后捞出放入碗中，加入盐、辣椒、酱油等调料拌匀即可。

2. 清炒凉粉草

食材：鲜嫩的凉粉草。

做法：把鲜嫩的凉粉草洗净、切段，锅中倒油，加入葱姜爆香，下入凉粉草翻炒片刻，再加入调料调味后即可出锅。

3. 凉粉草豆腐汤

食材：鲜嫩的凉粉草、猪肉、豆腐。

做法：把鲜嫩的凉粉草洗净，瓦煲内加入适量清水，先用猛火煲至水沸，然后放入凉粉草、猪肉、豆腐、生姜，中火煲 1 小时左右，调味即可食用。

4. 凉粉草粉葛汤

食材：凉粉草、粉葛。

做法：将凉粉草与粉葛洗净一同放入锅中，加清水适量，煨汤，水开后去渣，加白糖调味即可。

5. 凉粉草粉葛排骨汤

食材：凉粉草、粉葛、排骨。

做法：将凉粉草、粉葛、排骨洗净，一同放入锅中，加清水适量，中火煮3小时左右，加盐调味即可。

●学名●
Perilla frutescens (L.) Britton

紫苏

别名： 白苏、白苏子、白紫苏、赤苏、大紫苏、红苏、红紫苏、水升麻、苏麻、苏麻子、苏叶、苏子、香苏、香荽、野藿麻、野苏、野苏麻、野芝麻、野紫苏、白九苏、白苏麻、薄荷

科属： 唇形科紫苏属

一、形态特征

一年生直立草本。茎高 0.3~2 米，绿色或紫色，钝四棱形，具四槽，密被长柔毛。叶阔卵形或圆形，先端短尖或突尖，基部圆形或阔楔形，边缘在基部以上有粗锯齿，膜质或草质，两面绿色或紫色，或仅下面紫色，上面被疏柔毛，下面被贴生柔毛，侧脉 7~8 对。轮伞花序 2 花，偏向一侧的顶生及腋生总状花序；花萼钟形；花冠白色至紫红色；雄蕊 4 枚，花药 2 室；雌蕊 1 枚，子房 4 裂，花柱基底着生，柱头 2 室。小坚果近球形，灰褐色，具网纹。花期 8~11 月，果期 8~12 月。

二、生境分布

生于疏林中、山坡、路旁、荒地等。全国各地均有分布，广泛栽培。

三、栽培技术

1. 整地

紫苏适应性很强，对土壤要求不严，排水良好的沙质壤土、壤土、黏壤土均可，房前屋后、沟边地边，都能生长。为了提高产量，选阳光充足、排灌方便、疏松肥沃的壤土种植为好。每亩施入 2000~3000 千克农家肥作基肥，耕翻、耙细整平，作成 80~100 厘米宽的畦。

2. 种苗

用种子繁殖，直播或育苗移栽。现在生产上一般采用种子育苗移栽，管理比较方便。

苗床宜选向阳温暖处，施足基肥，并配加适量过磷酸钙，先浇透水，然后撒种，覆细土约 1 厘米厚。如果气温低，可覆盖塑料薄膜，幼苗出土后揭除。苗高 5~6 厘米时间苗。

3. 定植

育苗 25 天左右，苗高 15~20 厘米时，选阴雨天或午后，按株行距 50 厘米 ×60 厘米移栽于大田，栽后及时浇水 1~2 次，即可成活。

4. 田间管理

补苗：定植 1 周左右，及时查苗，如有缺苗应予补苗。

中耕除草：封行前必须经常中耕除草，浇水或雨后如土壤板结，也应及时松土。

追肥：苗高 60 厘米时，每亩追施 1500 千克的人畜粪，配施 15 千克 46% 尿素，施后培土浇水。

排灌：幼苗和花期需水较多，干旱时应及时浇水。雨季应注意排水。

5. 病虫害防治

斑枯病：6 月始发，为害叶片。防治方法：发病初期用 70% 代森锌胶悬剂干粉喷粉。

6. 采收

收紫苏叶用药应在 7 月下旬至 8 月上旬，紫苏未开花时进行。采收紫苏要选择晴天收割，香气足，方便干燥。

四、应用价值

1. 药用价值

紫苏以干燥枝叶入药。夏季枝叶茂盛时采收，除去杂质，晒干。性温，味辛。有解表散寒、行气和胃之功效，用于风寒感冒、咳嗽呕恶、妊娠呕吐、鱼蟹中毒。

2. 营养价值

紫苏叶中富含蛋白质、维生素、膳食纤维、脂肪、钙、紫苏醛、矢车菊素、紫苏醇、精氨酸等营养物质。

五、膳食方法

紫苏的嫩枝叶是很好的食材，生吃、凉拌、炒菜皆可，比如炒鸡蛋、紫苏焖水鸭等。

1. 凉拌紫苏叶

食材：新鲜的紫苏叶。

做法：在温水中倒入适量盐搅拌均匀，把处理干净的新鲜紫苏叶放进去浸泡几分钟，沥干后放入盘子中，在其中加入少量热油搅拌均匀即可食用。

2. 炸紫苏叶

食材：新鲜的紫苏叶、鸡蛋。

做法：把鸡蛋打散，将鸡蛋清单独分离出来和入面粉中，再加少许食盐，搅拌均匀之后放入紫苏叶，紫苏叶的两面都要沾上面粉糊，然后再在油锅中放入适量油烧热，把紫苏叶糊放进去炸即可，最后撒上一点椒盐即可食用。

3. 炒紫苏叶

食材：新鲜的紫苏叶。

做法：把新鲜的紫苏叶摘取下来，清洗干净并且切碎，把大蒜和青红椒分别切成末和碎丁。在锅里放入适量油烧热，先把紫苏叶放进去翻炒后盛起来，再放入准备好的蒜末和青红椒丁翻炒，最后再次把紫苏叶放进去翻炒混匀即可出锅。

●学名●
Mentha canadensis L.

薄荷

别名： 野薄荷、夜息香、田叶青、卜薄、单列萼薄荷、加拿大薄荷、仁丹草、水薄荷、水益母、鱼香草

科属： 唇形科薄荷属

一、形态特征

多年生草本植物，茎直立，高 30~60 厘米。根茎横生地下，它的茎是方形的，主茎通常直立挺拔，下部数节有纤细的须根及水平生长的匍匐根状茎。上部被倒向微柔毛，下部仅沿棱上被微柔毛，多分枝。叶片长圆状披针形，披针形，椭圆形或卵状披针形，稀长圆形，先端锐尖，基部楔形至近圆形，边缘在基部以上疏生粗大的牙齿状锯齿，侧脉 5~6 对，沿脉上密生余部疏生微柔毛，或除脉外余部近于无毛，上面淡绿色，通常沿脉上密生微柔毛。花小，有红色、白色或紫色；轮伞花序腋生，轮廓球，花萼管状钟，花冠淡紫。雄蕊 4 枚，花丝丝状，无毛，花药卵圆形，2 室，室平行；花柱略超出雄蕊，先端近相等 2 浅裂，裂片钻形。小坚果卵珠形，黄褐色。花期 7~9 月，果期 10 月。

二、生境分布

生于荒山野岭、水旁潮湿地，全国各地均有分布，多有栽培。

三、栽培技术

1. 整地

薄荷对土壤要求不严，除了过酸和过碱的土壤外都能栽培。选好地块后，进行深翻，施腐熟的堆肥、土杂肥和过磷酸钙等作基肥，每亩约 2000 千克，耙细，把肥料翻入土中，碎土，耙平做畦宽 110 厘米。

2. 育苗

薄荷的育苗方法很多，有根茎繁殖、分株繁殖、扦插繁殖和种子等。生产上最主要的用根茎繁殖来扩大生产。在田间选择生长健壮、无病虫害的植株作母株，按株行距 20 厘米 × 10 厘米种植。在初冬收割地上茎叶后，根茎留在原地作为种株。

3. 定植

薄荷在第二年早春尚未萌发之前移栽，早栽早发芽，生长期长，产量高。栽时挖起根茎，选择粗壮、节间短、无病害的根茎作种根，截成 7~10 厘米长的小段，然后在整好的畦面上按行距 25 厘米，开 10 厘米深的沟。将种根按 10 厘米株距斜摆在沟内盖细土、踩实、浇水。

4. 田间管理

查苗补苗：定植 10 天左右，田间基本出苗后，应及时查苗，对缺苗或苗稀的地方要进行补种。

中耕除草：出苗后，行间中耕除草，株间人工除草，以保墒、增（地）温、消灭杂草、促苗生长。封行前中耕除草 2~3 次。收割前拔净田间杂草，以防其他杂草的气味影响薄荷油的质量。

及时追肥：在苗高 10~15 厘米时开沟追肥，每亩施 46% 尿素 10 千克，封行后亩施喷施宝 5 毫升 + 磷酸二氢钾 150 克 +46% 尿素 150 克两次。

合理浇水：薄荷前中期需水较多，特别是生长初期，根系尚未形成，需水较多，一般 15 天左右浇一次水，从出苗到收割要浇 4~5 次水。封行后应适量轻浇，以免茎叶疯长，发生倒伏，造成下部叶片脱落，降低产量。收割前 20~25 天停水。

5. 病虫害防治

黑胫病：发生于苗期，症状是茎基部收缩凹陷、变黑、腐烂，植株倒伏、枯萎。防治上可在发病期间亩用 70% 的百菌清或 40% 多菌灵 100~150 克，兑水喷洒。

薄荷锈病：5~7 月易发，用 25% 三唑酮（粉锈宁）1000~1500 倍液叶片喷雾。

斑枯病：5~10 月发生，发病初期喷施 65% 的代森锌 500 倍液，每周一次即可控制。

6. 采收

薄荷每年收割 2 次。第一次于 6 月下旬至 7 月上旬，但不得迟于 7 月中旬，否则影响第二次产量。第二次在 10 月上旬开花期进行。收割时，选在晴天上午 10 时后至下午 4 时前，以中午 12 时至下午 2 时最好，此时收割的薄荷叶中所含薄荷油、薄荷脑含量最高。

四、应用价值

1. 药用价值

叶入药。夏秋采收，切短，及时低温干燥。性凉，味辛。有疏散风热、清利头目、利咽透疹、疏肝行气之功效，用于外感风热、头痛、咽喉肿痛、食滞气胀、口疮、牙痛、疮疥、瘾疹、温病初起、风疹瘙痒、肝郁气滞、胸闷胁痛。

2. 营养价值

薄荷叶含有蛋白质、脂肪、纤维素、碳水化合物、维生素、胡萝卜素、氨基酸、钾、镁、铜、钙、磷、锌及挥发性物质。

五、膳食方法

采摘幼嫩茎尖可作菜食，可炒、炸、做粥等，有特别的味道。

1. 薄荷粥

食材：薄荷叶、粳米。

做法：把新鲜的薄荷洗净，煮汤，放入粳米煮粥，待粥将成时加入冰糖适量，再煮沸即可。

2. 薄荷鸡丝

食材：薄荷叶、鸡胸脯肉。

做法：把鸡胸脯肉切成细丝，加蛋清、淀粉、精盐拌匀待用。鲜嫩的薄荷叶洗净，切细。锅中油烧至五成热，将拌好的鸡丝倒入过一下油。另起锅，加底油，下葱姜末，加料酒、薄荷、鸡丝、盐、味精略炒，淋上花椒油即可。

3. 鲜薄荷鲫鱼汤

食材：鲜嫩的薄荷叶、鲫鱼。

做法：将活鲫鱼剖洗干净，用水煮熟，加葱白、生姜、鲜薄荷，水沸即可放调味品和油盐，出锅即可。

●学名●
Ocimum basilicum Linn.

罗勒

别名： 九层塔、金不换、丁香罗勒、荆芥、九重塔、兰香、罗勒根、罗勒子、罗勒、毛罗勒、西王母菜、香菜仔、香花子、香佩兰、香叶香、熏草、熏尊、鸭罗草、燕草、鱼生菜

科属： 唇形科罗勒属

一、形态特征

一年或多年生草本，高 20~80 厘米，全株芳香。茎直立，四棱形，上部被倒向微柔毛，常带红或紫色。叶对生；叶柄被微柔毛；叶片卵形或卵状披针形，全缘或具疏锯齿，两面近无毛，下面具腺点。轮伞花序，组成有间断的顶生总状花序，各部均被微柔毛；苞片细小，倒披针形，边缘有缘毛，早落；花萼钟形，外面被短柔毛，萼齿 5 齿，上唇 3 齿，中齿最大，近圆形，具短尖头，侧齿卵圆形，先端锐尖，下唇 2 齿，三角形具刺尖，萼齿边缘具缘毛，果时花萼增大、宿存；花冠淡紫色或白色，伸出花萼，唇片外面被微柔毛，上唇宽大，4 裂，裂片近圆形，下唇长圆形，下倾；雄蕊 4 枚，二强，均伸出花冠外，后对雄蕊花丝基部具齿状附属物并且被微柔毛；子房 4 裂，花柱与雄蕊近等长，柱头 2 裂；花盘具 4 浅齿。小坚果长圆状卵形，褐色。花期 6~9 月，果期 7~10 月。

二、生境分布

生于村边、田头、路边的排水良好、肥沃的沙质壤土或腐殖质壤土。分布于新疆、吉林、河北、河南、浙江、江苏、安徽、江西、湖北、湖南、广东、广西、福建、台湾、贵州、云南及四川，多为栽培，南部各省有逸为野生的。

三、栽培技术

1. 整地

罗勒为深根植物，其根可入土 50~100 厘米，故宜选择排水良好、肥沃疏松的沙质壤土。栽前施腐熟的堆肥或土杂肥等作基肥，每亩约 2000 千克，整平耙细，做 130 厘米左右的平畦或高畦。

2. 育苗

罗勒生产中多数采用种子育苗。南方 3~4 月，北方 4 月下旬至 5 月进行育苗。将种子放入纱布袋里，用力将水甩净，用湿毛巾或纱布盖好，保温保湿，放在 25℃左右的温度下进行催芽。种子露白后，将出芽的种子均匀播于盘内，上面覆 1 厘米厚药土，盖上塑料薄膜，保温保湿。苗高 10 厘米时带土移栽于大田，移栽按株行距 30 厘米 ×30 厘米，种植后踏实浇水。

3. 田间管理

补苗：定植 10 天左右，田间基本出苗后，应及时查苗，对缺苗的地方要进行补种。

除草与施肥：株间人工除草，以消灭杂草、促苗生长。一般中耕除草 2 次，第一次于出苗后 10~20 天，浅锄表土。第二次在 5 月上旬至 6 月上旬，苗封行前，每次中耕后都要施入人畜粪水或施化肥 30 千克 / 亩。

合理浇水：罗勒前中期需水较多，特别是生长初期，根系尚未形成，需水较多，一般 10 天左右浇一次水。封行后可以 15 天浇水一次，如果连续晴天，最好 10 天浇水一次，以免降低产量。收种的植株可在开花后浇水一次即可。

4. 病虫害防治

罗勒本身带有特殊的气味，这些气味会驱使某些害虫远离罗勒，避免罗勒受害。但是，罗勒还是避免不了一些害虫为害，如蚜虫、夜盗虫、蓟马、日本甲虫、蜗牛、潜叶蝇及蛞蝓等。这些害虫或多或少都会对罗勒的植株生长产生不良的影响。

在罗勒爆发这些虫害的时候，应采用人工或者是安全自制的杀虫剂来治理。以减少农药的使用，避免造成农药污染。比如安装一些防虫网罩，用各种材料诱杀害虫。

5. 采收

罗勒茎叶采收在 7~8 月，割取全草，除去细根和杂质，晒干即成。当植株 20 厘米高、封垄后进行收获，选择未抽薹的幼嫩枝条前端采收，长度 5~10 厘米，每 7~15 天采收一次。

四、应用价值

1. 药用价值

全草入药。开花后割取地上部分，鲜用或阴干。性温，味辛、甘。有疏风解表、化湿和中、行气活血、解毒消肿之功效，用于感冒头痛、发热咳嗽、中暑、食积不化、不思饮食、脘腹胀满疼痛、呕吐泻痢、风湿痹痛、遗精、月经不调、牙痛口臭、胬肉遮睛、皮肤湿疮、瘾疹瘙痒、跌打损伤、蛇虫咬伤。

2. 营养价值

罗勒叶中富含各种维生素，特别是维生素 A 和维生素 B，还富含胡萝卜素，以及钙和磷元素。

五、膳食方法

罗勒的嫩叶可食，亦可泡茶饮，有驱风、芳香、健胃及发汗作用。可用做比萨饼、意大利面、香肠、汤、番茄汁、淋汁和沙拉的调料。

1. 罗勒叶煎饼

食材：罗勒叶、高筋面粉、低筋面粉。

做法：将制备好的高筋面粉和低筋面粉混合在一起，用热水将盐溶解后倒入面粉中揉成面团，在料理机中将制备好的罗勒叶磨成糊状，加入面团中均匀地揉搓，然后将面团分成小块，卷成薄煎饼，在锅中油炸。

2. 罗勒香肠炒鸡蛋

材料：新鲜罗勒叶、鸡蛋、香肠、橄榄油、牛奶。

做法：将香肠切片，罗勒叶摘梗备用；把鸡蛋打进碗里，加入牛奶和食盐，搅拌均匀；起油锅，先用慢火煎香肠，再把蛋液和罗勒叶倒进锅里炒，炒到鸡蛋成型即可。

●学名●
Stachys affinis Bunge

草石蚕

别名： 地蚕、宝塔菜、地母、地扭、甘露、甘露子、旱螺蛳、罗汉菜、螺丝菜、米累累、水螺丝、土人参、土蛹、蜗儿菜、小地梨、草地蚕、草食蚕、地蚕蛹、地蛋、地梨、土冬虫草

科属： 唇形科水苏属

一、形态特征

多年生草本，高 30~120 厘米，在茎基部数节上生有密集的须根及多数横走的根茎；根茎白色，在节上有鳞状叶及须根，顶端有念珠状或螺蛳形的肥大块茎。茎直立或基部倾斜，单一，或多分枝，四棱形，具槽，在棱及节上有平展的或疏或密的硬毛。茎生叶卵圆形或长椭圆状卵圆形，先端微锐尖或渐尖。轮伞花序通常 6 花，多数远离，顶生穗状花序；小苞片线形，被微柔毛；花梗短，被微柔毛；花萼狭钟形，外被具腺柔毛，内面无毛，10 脉，多少明显，正三角形至长三角形，先端具刺尖头，微反折；花冠粉红至紫红色，下唇有紫斑，上唇长圆形；雄蕊 4 枚，花药卵圆形，2 室，室纵裂，极叉开；花柱丝状，略超出雄蕊，先端近相等 2 浅裂。小坚果卵珠形，黑褐色，具小瘤。

二、生境分布

野生于华北及西北各省的湿润地及积水处，各地多栽培。分布于辽宁、河北、山东、山西、河南、陕西、甘肃、青海、四川、云南、广西、广东、湖南、江西、福建及江苏等地。

三、栽培技术

1. 整地

草石蚕属浅根系作物，不耐高温干旱，喜阴怕霜，喜肥怕涝，栽培土质应

选择土层较厚、疏松肥沃、富含有机质、耐旱的沙壤土地或壤土地种植，要求排水良好。地选好后，用旋耕机深翻，锄细整平，做成宽 2.6 米的低垄畦或厢面，整理好排水沟，以利排水。大面积种植应尽量选择沟坝地、背阴缓坡地或间作套种地块，以增加产量，提高品质。零星种植时，可选择墙角、屋后、楼间或树荫处。

整个生育期需肥量大。结合耕翻施足底肥，一般亩施充分腐熟的农家肥 1500~2000 千克、过磷酸钙 30 千克左右，将肥料翻入土中。土壤黏重或肥力较差的地块，可适当增加施肥用量。

2. 育苗

块茎繁殖：生产上用块茎繁殖，其繁殖量大，操作简单。3 月中旬至 4 月上旬，在冬季至翌年春季萌发前采收的块茎中，挑选大小适中、白色、粗壮及幼嫩的根茎，切成 10~15 厘米长的小段，经灭菌后晾干，然后将芽眼向上，按行距 25~35 厘米、株距 20~25 厘米、深 8~10 厘米，直立栽种。每穴栽 2~3 段，之后覆盖 5~7 厘米厚的细土，稍加镇压后浇水，保持地面见干见湿。雨季要及时排水，防止水涝淹苗。干旱时注意适当浇水。亩栽种块茎 20~30 千克。

种子繁殖：种子采收后，春季终霜前，在气温回升到 8~10℃后，选择肥力较高的沙壤土，按 1.2 米宽作苗床，苗床长度视地块而定，苗床之间留 60 厘米的埂。将苗床整细整平，按行距 30 厘米开沟条播，将种子播种到沟内，然后覆土，稍微压实。亩用种量 20 千克左右。播种后将温度保持在 17~20℃，10 天左右出苗。注意播前要加强选种，不断复壮更新，保持优良种性。

3. 适时移栽

在幼苗长到 20 厘米左右时即可带土移苗栽植，栽植株距 25 厘米、行距 40 厘米，一般每穴 1 株，亩栽 6000 株左右。栽植深度与土坨平齐，栽植后浇足定植水。生产中与玉米、高粱等高秆作物间作套种效果好，可充分利用光能，适当遮阴，减少水分蒸发，产量增加明显。通常在早春栽植，当年冬季即可采收。

4. 田间管理

中耕除草：出苗后封行前要及时中耕除草。在植株进入生长旺盛的开花期，地下匍匐茎快速生长，向四周蔓延，中耕会伤害地下茎，应坚决杜绝中耕行为。

杂草应随时拔除，防止草大压苗。适时进行浅培土，防止块茎露出。

适时灌溉：6月份植株生长旺盛，应结合施肥浇水1~2次，浇水最好在早、晚进行，之后保持土壤湿润。若遇持续高温干旱天气，应及时浇水降温，抗旱保苗。暴雨造成积水时要及时排水防涝，防止腐烂病发生。

及时追肥：苗高7~10厘米至开花前，可随浇水追肥1~2次，每次亩施46%尿素10~20千克或人粪尿400~500千克；立秋节气以后，地下茎开始膨大，亩用46%尿素10千克兑水5000千克浇施。实践证明，苗期适当喷施磷酸二氢钾，对植株株高有抑制作用，对地下块茎粗度、鲜块茎质量和每穴地下块茎数的增加有促进作用，可在苗期喷施0.25%磷酸二氢钾1~2次。全生育期共喷施0.25%磷酸二氢钾2~3次。

适当调控：出现花蕾后，可适当摘除部分花蕾和顶芽，以防止倒伏，抑制茎叶生长，节约养分，促进地下块茎生长发育；也可在地上茎叶生长过盛时亩用浓度为1500~2000毫克/升的50%矮壮素水剂40千克喷施，以利于地下块茎的良好发育。

5. 病虫害防治

草石蚕常见病虫害是腐烂病、霜霉病，红蜘蛛。农业防治措施主要是冬季清除田间杂草，深翻晒土，连作时加强土壤消毒。药剂防治时，注意喷药要细致到位，植株叶片正面背面都要均匀喷到，喷药时间应选择在傍晚或早上气温低于35℃时进行。腐烂病，及时拔除病株，用石灰对病穴进行消毒，发病初期可用70%甲基硫菌灵可湿性粉剂800~1500倍液喷施防治；霜霉病，发病初期可用75%百菌清可湿性粉剂600倍液喷施防治。红蜘蛛，发生初期可用15%哒螨灵乳油3000倍液喷施防治。

6. 采收

一般在11月下旬至12月上旬，在地上部茎叶遇早霜萎缩至土壤封冻前进行采收。也可根据市场需求和行情变化，在秋末茎叶枯萎后随时采收，或在翌年春季块茎萌发前采收，以供应早春淡季市场。采挖时注意保持块茎无机械损伤，无泥沙，无黄斑、病斑、烂疤等。

四、应用价值

1. 药用价值

草石蚕的地下块茎入药。秋季采挖块茎，洗净，鲜用或晒干。性平，味甘。有祛风热利湿、活血散瘀之功效，内用于黄疸、尿路感染、风热感冒、肺结核，外用治疮毒肿痛、蛇虫咬伤。

2. 营养价值

草石蚕含有丰富的淀粉、蛋白质、矿物质、蔗糖等。

五、膳食方法

草石蚕块茎可食，肉质脆嫩，可制蜜饯、酱渍、腌渍品，十分可口。食用时，以凉拌为主，还可加工成咸菜、罐头、甜果等，是驰名中外的"八宝菜""什锦菜"之一。同时也可用于煲汤。

1. 炒草石蚕

食材：草石蚕。

做法：将草石蚕去杂洗净，油锅烧热，下葱花煸香。投入草石蚕煸炒，加入精盐和适量水炒至入味，点入味精，出锅即成。

2. 草石蚕炖鸡

食材：草石蚕、母鸡。

做法：将母鸡宰杀，去毛、内脏、脚爪，洗净后入沸水锅焯下，捞出洗去血污。草石蚕去杂洗净。锅内加适量清水，放入光鸡炖沸，撇去浮沫，加入料酒、精盐、味精、酱油、胡椒粉、葱、姜，改为文火炖至鸡肉熟烂，加入草石蚕炖至入味，出锅即成。

3. 草石蚕田鸡百合汤

食材：草石蚕、田鸡、百合、淮山、北沙参。

做法：田鸡剥皮、去内脏，洗净，草石蚕、百合、淮山、北沙参、大蒜洗净。把全部材料放入锅内，加清水适量，武火煮沸后，文火煲2小时，调味供用。

●学名●
Lycopus lucidus Turcz. ex Benth.

地笋

别名: 地瓜儿苗、地参、地参苗、地蚕、地溜秧、地瘤苗、地嫩儿、地牛子、地藕、地笋苗、地笋子、地笋、地筒子、地蛹、地源子、提萎、土人参、小升麻、野油麻、泽兰

科属: 唇形科地笋属

一、形态特征

多年生草本,高 0.3~1.2 米。地下茎横走,先端常膨大成纺锤状肉质块茎。茎方形,常呈紫红色,沿棱及节上密生白色。叶对生,有短柄或玩柄,披针形或长圆状披针形,先端渐尖,基部楔形,边缘具锐锯,有缘毛,上面密被刚毛状硬毛,下面脉上被刚毛状硬毛及腺点。轮伞花序腋生,每轮有 6~10 花;苞片披针形,有缘毛;花萼钟形,5 齿;花冠白色,不明显 2 唇形,上唇近圆形,下唇 3 裂,外面有腺齿;花冠白色,不明显 2 唇形,上唇近圆形,下唇 3 裂,外面有腺点;前对雄蕊能育,后对雄蕊退化为棒状。小坚果倒卵圆状三棱形。花期 6~9 月,果期 8~10 月。

二、生境分布

生于沼泽地、水边等潮湿处,亦见有栽培。分布于黑龙江、吉林、辽宁、内蒙古、河北、山西、山东、江苏、浙江、江西、安徽、福建、台湾、湖北、湖南、广东、广西、陕西、甘肃、贵州、四川、云南等地。

三、栽培技术

1. 整地

地笋对栽培地要求不严,以壤土或沙壤土为宜。于栽种前整地,用腐熟的厩肥等作为基肥施足,翻耕耙细,整平土地,做畦宽 1 米。

2. 种苗

种苗来源有 2 种，有性繁殖与无性繁殖。生产上多数采用无性繁殖，生长快，用工少。

在采挖根状茎时，选白色、粗壮、幼嫩的根状茎，切成 10~15 厘米长的小段，按行距 30~45 厘米、株距 15~20 厘米，挖好栽植穴，每穴栽种 2~3 小段，覆土厚 5 厘米，稍镇压后，浇水。冬种的于翌年早春出苗，春种的经 10~12 天出苗。每亩用种茎 25~60 千克。

3. 田间管理

出苗后，揭除覆盖物，及时间苗。定苗时，株距 15 厘米左右，每处留壮苗 1~2 株。在苗期中除草松土 2~3 次。在生长期中，保持土壤湿润。苗高 15 厘米左右时，以及每次收割后，均应进行追肥，施用腐熟人畜粪水，或施硫酸铵每亩 15 千克。冬季收获后宜施土杂肥及腐熟人畜粪肥，以保护根状茎越冬，促进其于来春萌发。种植 2~3 年后，植株丛生，应行翻栽。

4. 病虫害及其防治

锈病：可用 25% 三唑酮（粉锈宁）粉剂 1000 倍液，喷雾防治。

尺蠖：幼虫吃叶片，6~7 月份为高峰期。可用吡虫啉喷雾防治。

紫苏野螟：幼虫为害叶片，7~9 月为高峰期。可在清园，收获后深翻土地，减少越冬虫源。

5. 采收

夏秋季间，茎叶生长繁茂。在开花前，收地上全草。南方在 4 月上中旬开始收获，一年可收 2~3 次。但对挖根状茎入药，以及作种茎用的留种地，生长期中不可收割地上部分。收后，切段晒平。根状茎采挖后，洗净、晒干或烘干。

四、应用价值

1. 药用价值

根入药。秋季采挖，除去地上部分，洗净，晒干。性平，味甘、辛。有化瘀止血、益气利水之功效，用于衄血、吐血、产后腹痛、黄疸、水肿、带下、气虚乏力。

2. 营养价值

嫩根含有蛋白质、脂肪、碳水化合物、粗纤维、胡萝卜素、维生素、钙、磷、铁等成分。

五、膳食方法

采食幼苗、嫩茎叶及地下嫩根茎。

1. 地笋炖猪肉

食材：地笋嫩根、猪肉、鲜汤。

做法：将地笋择洗干净，投入沸水内焯一下，捞入冷水内投凉，取出控去水分，切成小段；猪瘦肉洗净后切成薄片；两者一起放入鲜汤中大火煮开，改小火炖半小时，调味即可。

2. 地笋炒三层肉

食材：地笋嫩根、三层肉。

做法：将地笋择洗干净，投入沸水内焯一下，捞入冷水内投凉，取出控去水分，切成小段；三层肉洗净，切片，煸炒至吐油，加入葱丝，倒入地笋、调味品等，炒入味即成。

●学名●
Lycium chinense Mill.

枸杞

别名： 枸杞菜、狗牙子、枸杞子、地骨、地骨皮、地棘、地仙、狗地牙、狗地芽、狗奶棵、狗奶条子、狗奶子、狗奶子根、狗牙刺、狗牙根、狗芽子、灌木枸杞、红果子

科属： 茄科枸杞属

一、形态特征

多年生小灌木，多分枝灌木，高 0.5~1 米，栽培时可达 2 米多。枝条细弱，弓状弯曲或俯垂，淡灰色，有纵条纹，棘刺，生叶和花的棘刺较长，小枝顶端锐尖成棘刺状。叶纸质或栽培者质稍厚，单叶互生或 2~4 枚簇生，卵形、卵状菱形、长椭圆形、卵状披针形，顶端急尖，基部楔形，栽培者较大。花在长枝上单生或双生于叶腋，在短枝上则同叶簇生。花萼通常 3 中裂或 4~5 齿裂，裂片多少有缘毛；花冠漏斗状，淡紫色，筒部向上骤然扩大，稍短于或近等于檐部裂片，5 深裂，裂片卵形，顶端圆钝，平展或稍向外反曲，边缘有缘毛，基部耳显著；雄蕊较花冠稍短，或因花冠裂片外展而伸出花冠，花丝在近基部处密生一圈绒毛并交织成椭圆状的毛丛，与毛丛等高处的花冠筒内壁亦密生一环绒毛；花柱稍伸出雄蕊，上端弓弯，柱头绿色。浆果红色，卵状，栽培者可成长矩圆状或长椭圆状，顶端尖或钝。种子扁肾脏形，黄色。花果期 6~11 月。

二、生境分布

常生于山坡、荒地、丘陵地、盐碱地、池塘边、小溪边、路旁及村边宅旁。分布于我国河北、山西、陕西、甘肃南部，以及东北、西南、华中、华南和华东各省，多有栽培。

三、栽培技术

1. 整地

枸杞喜冷凉气候，耐寒力很强，根系发达，抗旱能力强。种植前进行深翻、晒白、碎土，配合施底肥起高畦，畦宽 180 厘米、沟宽 50 厘米、沟深 50 厘米，每亩施腐熟有机肥 1500~2000 千克。

2. 育苗

5 月中下旬不再采收准备用作母枝的植株，以利培育健壮的母枝。9~10 月选择健壮的老熟枝条，从枝条基部开始截取长 8~10 厘米、具 4~5 个芽、直径 0.5 厘米以上的茎段作插条，扦插规格为 25 厘米 × 30 厘米。扦插时，腋芽向上，外露的枝条留 2~3 个芽，每穴插 1~2 枝。扦插后浇透水，保持土壤湿润，10~15 天后插条开始发芽，腋芽长至 5~10 厘米时进行追肥。

3. 田间管理

肥水管理：有机肥与无机肥配合使用。剪枝后，结合中耕除草开浅沟追肥，每亩施腐熟有机肥 800~1000 千克或三元复合肥 25~30 千克。采收叶片或嫩梢后，每亩施三元复合肥 25~30 千克。生长期间，可视生长情况用 2% 磷酸二氢钾进行叶面喷施，每 7~10 天使用 1 次，直至采收前 10 天停止使用。生长期保持土壤湿润，畦面忌干燥和积水。

修剪：及时对多次采收嫩叶嫩梢的植株或对过长过密的枝条进行修剪，将准备用于采收长枝和叶片的植株剪至离地面 5~10 厘米，将准备用于采收嫩梢的植株剪至离地面 25~30 厘米。

4. 病虫害防治

贯彻"预防为主，综合防治"的植保方针，坚持以农业防治、物理防治、生物防治为主，化学防治为辅的原则。

农业防治：提倡实行轮作；选好母枝，用健壮枝条进行繁殖，培育无病虫壮苗；创造适宜的环境条件，加强生产管理，使植株生长发育良好；及时清园，将枯枝杂草集中销毁，减少田间病虫源。

物理防治：用黄板诱杀蚜虫；用频振式杀虫灯诱杀害虫。

生物防治：积极保护和利用天敌，推广使用生物药剂。

化学防治：蚜虫为害初期及时喷药防治，可选用 50% 灭蚜净 3000 倍液、10% 吡虫啉可湿性粉剂 1500 倍液。

5. 采收

枝条采收：植株长至约 55 厘米高时，将整个枝条剪下上市，剪至地面平，采收间隔期 45~55 天。

叶片采收：植株长至约 35 厘米高时，可进行第一次叶片采收，每次采收保留 12~15 厘米嫩梢，采收间隔期为 14~18 天。

嫩梢采收：植株长至约 30 厘米高时，可进行第一次嫩梢采收，将嫩梢部分 5~10 厘米采下，采收间隔期为 12~14 天。

四、应用价值

1. 药用价值

枸杞叶及嫩芽入药。全年采收，鲜用。性凉，味苦、回甘。有补虚益精、清热、止渴、祛风明目之功效，用于治虚劳发热、烦渴、目赤昏痛、障翳夜盲、崩漏带下、热毒疮肿。

2. 营养价值

枸杞菜含蛋白质、脂肪、碳水化合物、膳食纤维、维生素 C、谷氨酸、天门冬氨酸、脯氨酸、精氨酸等。

五、膳食方法

嫩茎叶可作为蔬菜，根与果实可用以煲汤。

1. 枸杞叶猪肝汤

食材：新鲜枸杞叶、猪肝、枸杞子。

做法：猪肝洗净后，加料酒和盐，浸泡 30 分钟；取出猪肝，洗净后切片，加香油、盐、白胡椒，再腌制 30 分钟去腥入味备用；锅里下水待水开后，把腌制好的猪肝放入，变颜色即可捞出待用；取另一锅，放入适量水，加入少许姜丝、香油，待水开后下入枸杞叶和枸杞，再倒入焯过水的猪肝，搅拌均匀，加适量盐调味，待水开后煮 1~2 分钟即可。

2. 枸杞叶猪腰汤

食材：新鲜枸杞叶、猪腰。

做法：猪腰洗净后切去脂膜，切成小块，加水煲汤，水滚后放入枸杞叶，待熟后调味，即可食用。

3. 凉拌枸杞叶

食材：新鲜枸杞叶、红椒、香油。

做法：红椒切丝备用，枸杞叶洗干净，去掉其中粗的部位后，放到沸水中焯 2 分钟捞起，再放到凉开水中浸泡 15 分钟，捞出来装盘，放入红椒丝、香辣油等调味品搅拌均匀，即可。

4. 枸杞叶粥

食材：新鲜枸杞叶、淡豆豉、粳米。

做法：水煮淡豆豉，取汁煮粳米到熟，下枸杞叶煮成粥，加盐调味。

5. 南靖枸杞生烫

食材：新鲜枸杞叶、枸杞枝、猪肝、猪心、猪小肠、鸡内脏等。

做法：将枸杞枝熬汤备用。把猪肝、猪心、猪小肠、鸡内脏等处理干净，切片。取汤煮开，放入猪肝、猪心、猪小肠、鸡内脏等（根据各自喜好挑选）煮开，再加洗净的新鲜枸杞叶即可。

●学名●
Dicliptera chinensis (Linn.) Juss.

狗肝菜

别名： 华九头狮子草、路边青、青蛇仔、小青、羊肝菜、野青仔、猪肝菜、灯台草、肝火草、假红蓝、假米针、九节篱、九头狮子草、屎缸青、天青菜、天星娘、乌面草、乌面礼、呷金、紫燕草

科属： 爵床科狗肝菜属

一、形态特征

一年生或多年生草本，高 30~80 厘米。茎外倾或上升，具 6 条钝棱和浅沟，节常膨大膝曲状，近无毛或节处被疏柔毛。叶卵状椭圆形，顶端短渐尖，基部阔楔形或稍下延，纸质，绿深色，两面近无毛或背面脉上被疏柔毛。花序腋生或顶生，由 3~4 个聚伞花序组成，总花梗下面有 2 枚总苞状苞片，总苞片阔倒卵形或近圆形，稀披针形，大小不等，顶端有小凸尖，具脉纹，被柔毛；小苞片线状披针形；花萼裂片 5 片，钻形；花冠淡紫红色，外面被柔毛，2 唇形，上唇阔卵状近圆形，全缘，有紫红色斑点，下唇长圆形，3 浅裂；雄蕊 2 枚，花丝被柔毛，药室 2 房，卵形，一上一下。蒴果被柔毛，开裂时由蒴底弹起，具种子 4 粒。花期 10~11 月。

二、生境分布

生于以下疏林下、溪边、路旁。分布于福建、台湾、广东、海南、广西、香港、澳门、云南、贵州、四川。

三、栽培技术

1. 整地

狗肝菜具有耐阴、耐旱、耐寒、耐湿、耐肥、耐瘠的特性。栽培上为了增加产量，每亩施 2000 千克左右腐熟有机肥作基肥。为了方便管理与采收应起畦

种植，畦面不宜太宽，一般畦宽 100~120 厘米，高 20 厘米，沟宽 30 厘米，长度依地形或便于管理而定。

2. 定植

于晴天午后或阴天、雨后开行定植，每畦种植 4 行，株距为 20~25 厘米，2~3 株丛栽，每亩种植 2.6 万 ~3 万株，淋足定根水，有条件的可搭盖遮阳网。狗肝菜较耐阴，在半阴的情况下，有利于狗肝菜生长，使叶片宽大，持嫩性好，商品性高。

3. 田间管理

狗肝菜定植 15 天后，开始铲除杂草，早除草可防止杂草抢夺养分，有利于增加土壤的通透性，促进狗肝菜的快速生长。20 天后，施发酵好的人粪尿，浓度掌握在 10%~20%。以后每采摘 1~2 次施水肥 1 次或每亩施复合肥液 500~1000 千克，浓度掌握在 2%~5%，保持土壤肥沃湿润，高温干旱天气应早晚淋水。为了保证狗肝菜的品质风味，施肥最好以农家肥为主。

11~12 月进行清园，在离地面 15~20 厘米高处剪去老茎叶，并将生长在行间的枝条等铲去，及时清理出行间，以便施肥管理。然后在行间开浅沟施土杂肥或腐熟的禽畜肥，每亩施 1500~2000 千克。

4. 病虫害防治

狗肝菜病虫害较少，一般有小卷叶蛾、蜗牛为害，影响狗肝菜的外观品质，荫蔽度过大的林果树下偶然会出现白粉病。发生时可喷洒一些低毒的菊酯类灭虫或多菌灵等杀菌剂防病。及时采摘、及时铲除杂草和剪除郁蔽的老枝、弱枝，可减少病虫害的发生。

5. 采摘

当植株生长至 20~25 厘米高时可第 1 次采摘，采摘嫩茎叶长度 6~8 厘米，以后可留 1~2 片叶或 2~4 片叶采摘，一般采摘 1 芽后抽生 2 芽，从叶腋长出的新梢经 15~20 天又可采摘。经过几次采摘后，植株分株增多，矮化枝密，采摘间隔时间短，采摘批次增多，产量逐渐上升，一年四季均可采摘，一般及时采摘每亩产量可达 1000 千克以上。春、夏季节雨水充足，生长旺盛，采摘间隔期短，芽叶嫩度好；立秋后干旱少雨，及时补充足够的水肥及遮阴可保持狗肝菜的嫩度。

四、应用价值

1. 药用价值

全草入药。全年可采，洗净，鲜用或晒干。性寒，味甘、苦。有清热解毒、凉血利尿之功效，常用于感冒高热、斑疹发热、流行性乙型脑炎、风湿性关节炎、眼结膜炎、小便不利，外用治带状疱疹、疖肿。

2. 营养价值

狗肝菜含有脂肪酸类、黄酮类、苯丙素类、萜类、甾体、甾体皂苷、多糖等营养成分。

五、膳食方法

嫩茎叶可做汤，食味清香。

1. 狗肝菜瘦肉汤

食材：狗肝菜、猪瘦肉、薏米、蜜枣。

做法：先把猪瘦肉洗净，切厚片，焯水。再把狗肝菜洗净，浸泡30分钟；薏米洗净，浸泡1小时；蜜枣洗净。最后将适量清水放入煲内，煮沸后加入以上材料，武火煲滚后改用文火煲2小时，加盐调味即可。

2. 狗肝菜夏枯草汤

食材：狗肝菜、夏枯草、蜜枣、冰糖。

做法：先把鲜狗肝菜、夏枯菜、蜜枣分别洗净，冰糖打碎。然后将狗肝菜、夏枯草、蜜枣放入滚水锅内，武火煮沸，改用文火煲约1小时，加入冰糖，煮至冰糖溶化。

3. 狗肝菜豆腐汤

食材：狗肝菜、豆腐。

做法：先把鲜狗肝菜洗净，把豆腐切成小块，两者一起用水煮熟，加调味料即可。

车前科

●学名●
Plantago asiatica Ledeb.

车前

别名： 车轱辘菜、车轱轮菜、车鼓轮菜、车过路、车花、车轮菜、车轮草、车皮草、车前菜、车前草、车前子、车辙子、大车前、大粒车前子、蛤蟆草、蛤蟆叶、蛤蟆衣

科属： 车前科车前属

一、形态特征

二年生或多年生草本。须根多数。根茎短，稍粗。叶基生呈莲座状，平卧、斜展或直立；叶片薄纸质或纸质，宽卵形至宽椭圆形，先端钝圆至急尖，边缘波状、全缘或中部以下有锯齿、牙齿或裂齿，基部宽楔形或近圆形，多少下延，两面疏生短柔毛；脉5~7条；叶柄基部扩大成鞘，疏生短柔毛。花序3~10个，直立或弓曲上升；花序有纵条纹，疏生白色短柔毛；穗状花序细圆柱状，紧密或稀疏，下部常间断；苞片狭卵状三角形或三角状披针形，长过于宽，龙骨突宽厚，无毛或先端疏生短毛。花具短梗；花萼片先端钝圆或钝尖，龙骨突不延至顶端，前对萼片椭圆形，龙骨突较宽，两侧片稍不对称，后对萼片宽倒卵状椭圆形或宽倒卵形；花冠白色，无毛，冠筒与萼片约等长，裂片狭三角形，先端渐尖或急尖，具明显的中脉，于花后反折；雄蕊着生于冠筒内面近基部，与花柱明显外伸，花药卵状椭圆形，顶端具宽三角形突起，白色，干后变淡褐色。蒴果纺锤状卵形、卵球形或圆锥状卵形，于基部上方周裂。种子5~12粒，卵状椭圆形或椭圆形，具角，黑褐色至黑色，背腹面微隆起；子叶背腹向排列。花期4~8月，果期6~9月。

二、生境分布

生于草地、沟边、河岸湿地、田边、路旁或村边空旷处，几乎遍布全国各地。

三、栽培技术

1. 选地

车前草对土壤的条件要求并不十分严格，但要产量高，应选择阳光较为充足、排灌较为方便或易于改良、肥力尚可或易改进、上层较为深厚、七体潮润的壤质土地处为宜。

2. 整地

整地施肥一般于播种、栽培前 2~3 天，根据土壤肥力状况，结合翻耕每亩施栏肥粪肥 1500~1750 千克或商品有机肥 175~200 千克或三元复合 75~100 千克作基肥，敲碎土块后整成畦面宽 1.2~1.5 米、高 12~25 厘米的垄畦待播种、移栽。

3. 育苗

播前应选择排灌管理方便，地块较为湿润，春播的床苗阳光充足，秋播的阳光不至于过于强烈，土层较深，肥力较高的壤质土地块作苗床。按每平方米 2 克的种子播种量与 10~15 倍细泥沙充分拌匀后，均匀地撒播在苗床上，播后覆以细肥土约 1 厘米后，盖上稻草。春播覆以塑料薄膜保温保湿，秋覆以遮阳降温保湿。如遇晴天无水天气，于傍晚隔日淋水一次，以保床土湿润；如遇多雨天气，地势平坦的苗床应做好排水防渍工作。

4. 田间管理

育苗移栽的，在整好的垄畦上按行株距 25 厘米 ×20 厘米开设浅穴，将 2 株/穴的幼苗栽种于穴中，轻轻按实根茎部，栽后随即用 3%~5% 的稀薄人粪尿或 5%~8% 的沼液水点穴浇施定根水，以便根系与土壤紧密接触，便于成活。

查苗补缺：当幼苗移栽 7 天左右成活后，应进行查苗，如发现有死苗缺株的，应于晴天傍晚或阴天天气，选用预留壮苗进行补缺，补后随即浇施定植水，以便缩短缓苗期，实现全苗、匀株生长之目标。

杂草防除：车前草的种子细小，播种齐苗或栽后前期生长较为缓慢，地表裸露面积大，易于杂草的滋生。当播种齐苗或栽种成活后，应根据杂草生长情况，及时小心拔除根茎部杂草。一般每个生长季节需进行 3~4 次除草，以免草害发生，而影响植株生长。

中耕施肥：车前草较为喜肥，肥料充足，有利于获得高产。一般春播栽培的，在每一个生长季节需要进行 4 次施肥。第一次在直播苗定苗后 5~7 天或移栽活棵约 10 天，每亩用腐熟人粪尿 600~750 千克兑水 1000~1500 千克或沼液水 1000~1250 千克兑水 1000 千克进行浇施 1 次；之后根据生长情况隔 20~25 天适当增加用肥量再施 1 次；第三次在第一批果穗收获后，结合中耕除草，每亩用草木灰 300~500 千克加腐熟栏粪肥 1000~1250 千克或商品有机肥 100~125 千克施肥 1 次；第四次在第二批果穗收获后，用第三次施肥的同样施肥量再施 1 次。第四次施肥后，如遇干旱晴好天气，应适当浇水，以利养分释解，满足植株所需，促进植株健壮生长。

5. 病虫防治

车前草适应力较强，在自然生产过程中一般少有病虫害发生。而作为人工栽培，由于物种指数趋向单一，生境条件发生了一定变异，增加了病虫害发生概率。在生产上偶尔可见到白粉病、穗枯病、菌核病、霜霉病、叶斑病、根腐病、白绢病、蚜虫、红蜘蛛、叶蝉等病虫害的发生。

蚜虫、叶蝉可选用呋虫胺、噻虫嗪；红蜘蛛可选用炔螨特、乙螨唑、阿维菌素；白粉病可选用醚菌酯、枯草芽孢杆菌；叶斑病可选用百菌清；根腐病可选用百菌清、克多黏芽孢杆菌进行喷雾防治。

6. 采收

车前草的采收加工因利用方式不同，采收加工方法不尽一致。供作食用的，于春季 4~5 月间或秋播 1 个月左右，采集幼嫩苗的地上部分，捡净后放入沸水中煮熟，捞出置于清水中待加工，或采集晾晒致叶片变软并除去杂物清洗后，置于缸内腌制后食用；采集全草的，于植株旺长期连根拔起，去除泥土、异物，晾晒致干燥后，置于干燥处备用或打包销售；收获种子的，在果穗转黄种子成熟期收取果穗，晒干脱粒，簸去杂物后，储存于干燥处备用或装袋销售。

四、应用价值

1. 药用价值

全草入药。全年采收，除去杂质，洗净，切段，晒干。性寒，味甘。有清热、利尿、祛痰、凉血、解毒之功效，用于淋病尿闭、暑湿泄泻、目赤肿痛、痰多咳嗽、视物昏花。

2. 营养价值

车前草嫩叶芽含碳水化合物、蛋白质、脂肪、钙、磷、铁、胡萝卜素、维生素，以及钾盐、柠檬酸、草酸、桃叶珊瑚苷等营养物质。

五、膳食方法

4~5 月间采幼嫩苗，沸水轻煮后，凉拌、蘸酱、炒食、做馅、做汤或和面蒸食。

1. 车前草炖猪排

食材：车前草、猪排骨、葱、姜、盐、料酒、花椒。

做法：将车前草嫩叶洗净，切段，焯水，浸泡 1 小时待用；葱切段，姜切片；将剁好的猪排放入清水锅中，用大火烧开后，撇去浮沫，捞出猪排；锅内另倒入清水烧开，放入猪排、葱段、姜片、花椒、料酒等，大火烧开后，改用小火炖至猪排熟烂，加入车前草、盐、味精，调好味，盛入汤碗，撒上胡椒粉即可。

2. 车前草鸡蛋饼

食材：车前草、土鸡蛋、玉米淀粉。

做法：把车前草嫩叶洗净，切碎备用；将土鸡蛋加盐、胡椒面打匀，放入车前草碎，加玉米淀粉搅拌均匀，入平底锅煎至两面金黄成饼状。

3. 凉拌车前草

食材：车前草嫩叶。

做法：采回新鲜的车前草洗净，挑出嫩叶焯水，加入盐巴、鸡精、生抽、蚝油、辣椒油等调料拌匀即可。

茜草科

巴戟天

别名: 鸡肠风、巴戟、大巴戟、黑藤钻、鸡眼藤、糠藤、马戟、猫肠筋、三角藤、糖藤、兔儿肠、兔仔肠、黑钻藤、鸡肠根、猫重藤

科属: 茜草科巴戟天属

一、形态特征

多年生藤本。肉质根不定位肠状缢缩,根肉略紫红色,干后紫蓝色;嫩枝被长短不一粗毛,后脱落变粗糙,老枝无毛,具棱,棕色或蓝黑色。叶薄或稍厚,纸质,长圆形、卵状长圆形或倒卵状长圆形,顶端急尖或具小短尖,基部纯、圆或楔形,边全缘。叶柄下面密被短粗毛;托叶顶部截平,干膜质,易碎落。伞形花序 3~7 支排列于枝顶;花序梗被短柔毛,基部常具卵形或线形总苞片 1;头状花序具花 4~10 朵;花萼倒圆锥状,下部与邻近花萼合生,顶部具波状齿 2~3 齿,外侧一齿特大,三角状披针形,顶尖或钝,其余齿极小;花冠白色,近钟状,稍肉质,顶部收狭而呈壶状;雄蕊与花冠裂片同数,着生于裂片侧基部,花丝极短,花药背着,长约 2 毫米;花柱外伸,柱头长圆形或花柱内藏,柱头不膨大,2 等裂或 2 不等裂,子房 2~4 室,每室胚珠 1 颗,着生于隔膜下部。聚花核果由多花或单花发育而成,熟时红色,扁球形或近球形;分核三棱形,外侧弯拱,被毛状物,内面具种子 1,果柄极短;种子熟时黑色,略呈三棱形,无毛。花期 5~7 月,果熟期 10~11 月。

二、生境分布

生于山地疏、密林下和灌丛中,常攀于灌木或树干上,亦有引作家种。分布于福建、广东、海南、广西等地的热带和亚热带地区。

三、栽培技术

1. 整地

巴戟天适应性较强，喜温暖的气候，宜阳光充足，忌干燥和积水，因此园区选择阳光充足的南面或东南面的山坡疏林下，要求土壤土层深厚、腐殖质丰富、质地疏松的新开垦的红、黄沙壤土。翌春，打碎土块，沿等高线按 1~1.2 米的宽度作成梯地，畦面宜外高内低，成微倾斜，内侧开设排水沟，按株距 30 厘米挖穴（深、宽各 40 厘米左右），穴内施足基肥。

2. 育苗

扦插繁殖。选择二年生以上无病虫害、组织充实、茎粗壮的母株藤茎，截成长 5 厘米的单节，或 10~15 厘米具 2~3 节的枝条作插条，上端节间不宜留长，应挨节剪平，下端剪成斜口，剪苗时刀口要锋利，切勿将剪口压裂。上端第一节保留叶片，其他节的叶片剪除，随即扦插。插枝育苗可按行距 15~20 厘米开沟，然后将插条按 1~2 厘米的株距整齐平行斜放在沟内，插的深度以挨近第一节叶柄处为宜，插后覆黄心土或经过消毒的细土，插条稍露出地面，一般插后 20 天即可生根。为了促进生根和提高成苗率，可将插条每 100 条捆成一把，浸于含生长激素的水中 5~10 分钟，但不能用水浸泡。

3. 定植

春秋两季均可定植，以春季为好。春分前后，雨水充足，定植后容易恢复生机。秋季以立秋至秋分前较适宜。起苗前，剪去先端部分，只保留 3~4 节的枝条，叶片也可剪去一半，以减少水分消耗。起苗后用黄泥浆浆根。定植时按株距 30~50 厘米挖穴，每穴栽苗 1~2 株。定植时，根系要舒展，栽后压实，插芒箕遮阴。在林下定植可不插芒箕。

4. 田间管理

中耕除草：可除掉深根大草丛，保留浅根小草，但夏季忌锄草。松土不宜过深，以免伤其根部。同时注意培土，防止茎基部暴晒。

施肥：待苗长出 1~2 对新叶时，可开始施肥，以有机肥为主，如土杂肥、火烧土、过磷酸钙、草木灰等混合肥，每亩 1000~2000 千克。忌施硫酸铵、氯化铵，以及猪、牛尿。

修剪藤蔓：巴戟天随地蔓生，往往藤蔓过长，尤其 3 年生植株，会因茎叶过长，影响根系生长和物质积累。可在冬季将已老化呈绿色的茎蔓剪去过长部分，保留幼嫩呈红紫色茎蔓，促进植株的生长，使营养集中于根部。也可结合扦插季节进行，将剪下的藤蔓供作繁殖材料。

间作套种：种植头 3 年，生长缓慢，可在行间套种短期粮食作物、药材。如广东、广西，则常和山芋、木薯等作物间作，既可给巴戟天遮阴，又可得到其他收益。福建永定多套种在柿树下，南靖有套种在间伐后的用材林下。3 年之后，巴戟天根茎粗壮，不需再间作。海南在胶林下间作巴戟天，利用橡胶树为巴戟天遮阴，也获得成功。

5. 病虫害防治

茎基腐病：可用 1∶3 的石灰与草木灰施入根部，或用 1∶2∶100 的波尔多液喷射，代森锌 800~1000 倍液喷射，每隔 7~10 天喷 1 次，连续 2~3 次。

轮纹病：在发病初期及早摘除病叶烧毁，或用代森锌 600~800 倍液喷射，每隔 10~15 天喷 1 次，连续 2~3 次。

蚜虫：在春秋两季巴戟天抽发新芽、新叶时为害。可使幼芽畸形，叶片皱缩，天气干旱时为害更严重，造成茎叶发黄。可利用物理方法进行诱杀。

6. 采收

巴戟天定植 5 年才能收获。过早收获，根不够老熟，水分多，肉色黄。采收时间以秋冬季挖取，主要集中在秋季。采挖时先将植株根四周泥土挖开，整株挖起，抖去泥土，摘下肉质根，用水洗去泥沙，运回后加工干燥。

四、应用价值

1. 药用价值

干燥根入药。全年均可采挖，洗净，除去须根。性微温，味甘、辛。有补肾阳、强筋骨、祛风湿之功效，用于阳痿遗精、宫冷不孕、月经不调、少腹冷痛、风湿痹痛、筋骨痿软。

2.营养价值

巴戟天的根中含有蛋白质、脂肪、碳水化合物、膳食纤维、维生素、还原糖、钾、钙、镁等营养物质。

五、膳食方法

采摘巴戟天的根可用来泡酒、煲汤等，如巴戟天酒、巴戟苁蓉鸡、巴戟天杜仲煲牛尾等，味清香带甜。

1.巴戟苁蓉鸡

食材：巴戟天、肉苁蓉、鸡。

做法：把巴戟天、肉苁蓉洗净用纱布包扎，鸡去肠杂等，洗净，切块，加水一同煨炖，以姜、花椒、盐等调味。

2.巴戟天杜仲猪蹄汤

食材：巴戟天、猪蹄、花生、杜仲、蜜枣。

做法：花生、巴戟天、杜仲浸泡，洗净；蜜枣洗净；猪蹄刮洗干净，剁成小块，焯水后捞出沥水。锅中加入适量清水烧沸，放入以上材料，猛火煲滚后，转慢火煲3小时，加入食盐调味，装碗即可。

3.枸杞巴戟天海参汤

食材：巴戟天、淮山、枸杞、海参、红枣。

做法：将淮山、巴戟天、枸杞、海参、红枣洗净，海参切块，上述材料一起放入炖锅，加入适量水分，隔水炖煮3小时。

败酱科

● 学名 ●
Patrinia villosa (Thunb.) Juss.

白花败酱

别名： 败酱、败酱草、大升麻、黄花龙芽、苦菜、苦叶菜、苦斋、苦斋菜、龙芽败酱、男郎花、胭脂麻、黄花败酱、苦菜根、毛败酱

科属： 败酱科败酱属

一、形态特征

多年生草本，高 30~100（~200）厘米。根状茎横卧或斜生，节处生多数细根；茎直立，黄绿色至黄棕色，有时带淡紫色，下部常被脱落性倒生白色粗毛或几无毛，上部常近无毛或被倒生稍弯糙毛，或疏被 2 列纵向短糙毛。基生叶丛生，花时枯落，卵形、椭圆形或椭圆状披针形，不分裂或羽状分裂或全裂，顶端钝或尖，基部楔形，边缘具粗锯齿，上面暗绿色，背面淡绿色，两面被糙伏毛或几无毛，具缘毛；茎生叶对生，宽卵形至披针形。花序为聚伞花序组成的大型伞房花序，顶生；花序梗上方一侧被开展白色粗糙毛；总苞线形，甚小；苞片小；花小，萼齿不明显；花冠钟形，黄色，基部一侧囊肿不明显，内具白色长柔毛，花冠裂片卵形；雄蕊 4 枚，稍超出或几不超出花冠，花丝不等长，近蜜囊的 2 枚，下部被柔毛，另 2 枚，无毛，花药长圆形；子房椭圆状长圆形，柱头盾状或截头状。瘦果长圆形，具 3 棱，2 不育子室中央稍隆起成上粗下细的棒槌状，能育子室略扁平，向两侧延展成窄边状，内含 1 椭圆形、扁平种子。花期 7~9 月。

二、生境分布

生于山坡林下、林缘和灌丛中，以及路边、田埂边的草丛中。分布很广，除宁夏、青海、新疆、西藏、广东、海南外，全国各地均有分布。

三、栽培技术

1. 整畦

白花败酱喜稍湿润环境，耐亚寒。土地翻耕后整成畦宽 110 厘米左右的平畦，翻耕时每亩施土杂肥 2000 千克、过磷酸钙 60 千克，外加腐熟人粪尿 300 千克混合后全部施于畦内。

2. 育苗

3 月上旬选择生长健壮的母株进行分蔸移栽，行距 30 厘米，株距 20 厘米，每亩约种 10000 株。或者清明节前后将生长势强的老茎按每 2~3 个叶节剪取一截做扦插苗繁殖。扦插前整育苗畦，并在畦面上撒 1 层腐熟的垃圾土，随后将插条插入畦中，入土一个叶节，其余叶节露出，保持 7 厘米 × 9 厘米的插植规格，并浇水保墒促根，然后搭上小拱棚或遮阳网防止风雨冲刷和强光照射。待长出新根后即 5 月中旬前后将扦插苗移到大田种植。如果为保护地（大棚）种植，可于 10 月上旬进行分蔸移植或用扦插苗种植。

3. 田间管理

无论是分蔸移栽还是扦插繁育的苗，移植到大田后尽可能用有机肥熟化垃圾土或者塘泥等培护在苗的基部，以不遮没白花败酱苗心叶为佳。福建省 3~5 月为多雨季节，一般可不浇水，若遇干旱可酌情浇水保墒。白花败酱移栽成活后定期用腐熟人粪尿掺水薄施，或者每 50 千克水加入 46% 尿素 500~750 克浇施。追肥以氮肥为主，配施少量磷、钾肥。一般每采摘 1 次后结合浇水施肥 1 次，以促进侧芽和嫩枝的生长。夏秋季中耕除草 2~3 次。每种植 1 周年需更换新地重新种植以确保高产稳产。

4. 病虫害防治

生长期间如因栽培密度过大，或遇连续阴雨天气，或田间地块积水会导致轻微的霜霉病、炭疽病等病害发生，可用 50% 多菌灵可湿性粉剂或 70% 甲基托布津可湿性粉剂 600 倍液。

蚜虫防治方法：利用 2000~3000 倍 60% 吡虫啉进行喷洒；利用蚜虫的天敌自由捕食蚜虫，如瓢虫、蚜狮、寄生蜂、食蚜蝇等。

5. 采收加工

白花败酱生长期一般从 3 月开始到 10 月结束，整个生长季节可采收 5 次左右，大棚栽培则可周年生长，采收 10 次左右。当白花败酱植株嫩枝长 5~7 厘米时即可采摘，于早晨或傍晚时进行。

四、应用价值

1. 药用价值

全草入药。夏季开花前采挖，晒至半干，扎成束，再阴干。性凉，味辛、苦。有清热解毒、祛痰排脓之功效，用于肠痈、肺痈、痢疾、产后瘀血腹痛、痈肿疔疮。

2. 营养价值

败酱草含有丰富的蛋白质、粗纤维、糖类、胡萝卜素、维生素、钾、钙、铁、锌、磷、铜、锌、硒等。

五、膳食方法

败酱草的嫩茎叶可以炒、上汤，如凉拌败酱草、败酱草烧肉片等，有苦味。

1. 凉拌败酱草

食材：败酱草的嫩茎叶。

做法：将败酱草嫩叶去杂洗净，入沸水锅焯透，捞入凉水洗去苦味，挤干水切碎放盘内，加入精盐、味精、酱油、麻油，吃时拌匀即成。

2. 佛手败酱草瘦猪肉汤

材料：干败酱草、猪瘦肉、干佛手、玫瑰花。

做法：将猪瘦肉洗净，切片。干佛手、干败酱草、玫瑰花洗净，一起入沙煲内加水煮开，再放入猪瘦肉，小火熬煮半小时，即可。

3. 败酱草小肠汤

材料：败酱草的嫩茎叶、小肠。

做法：把败酱草的嫩茎叶洗净备用。将猪小肠洗净，切段，放入沙煲内水煮半小时，加入败酱草煮开，点放调味料即可。

葫芦科

●学名●
Gynostemma pentaphyllum (Thunb.) Makino

绞股蓝

别名： 白味莲、遍地生根、甘茶蔓、绞服蓝、绞股兰、七叶胆、五爪金龙、五爪龙、毛果绞股蓝、毛叶绞股兰、七叶参、五叶参、五叶绞股蓝、五叶神、小苦草

科属： 葫芦科绞股蓝属

一、形态特征

草质攀缘植物。茎细弱，具分枝，具纵棱及槽，无毛或疏被短柔毛。叶膜质或纸质，鸟足状，叶柄被短柔毛或无毛；小叶片卵状长圆形或披针形，中央小叶，侧生较小，先端急尖或短渐尖，基部渐狭，边缘具波状齿或圆齿状牙齿，上面深绿色，背面淡绿色，两面均疏被短硬毛；小叶柄略叉开。卷须纤细，2支分歧，稀单一，无毛或基部被短柔毛。花雌雄异株。雄花圆锥花序，花序轴纤细，多分枝，分枝广展，有时基部具小叶，被短柔毛；花梗丝状；花冠淡绿色或白色；雄蕊5枚，花丝短，联合成柱，花药着生于柱之顶端。雌花圆锥花序远较雄花之短小，花萼及花冠似雄花；子房球形，2~3室，花柱3枚，短而叉开，柱头2裂；具短小的退化雄蕊5枚。果实肉质不裂，球形，成熟后黑色，光滑无毛，内含倒垂种子2粒。种子卵状心形，灰褐色或深褐色，顶端钝，基部心形，压扁，两面具乳突状凸起。花期3~11月，果期4~12月。

二、生境分布

生于山林地带，常见于落叶林，落叶阔叶与常绿阔叶混交林，针阔混交林及杉木林、毛竹林下。分布于陕西南部和长江以南地区。

三、栽培技术

1. 整地

绞股蓝喜阴湿环境，忌烈日直射，耐旱性差。采用林地套种时，尽量选择阴坡、水湿条件较好的地方，先在林地下挖穴栽植，栽植穴 20 厘米 × 20 厘米 × 20 厘米。

整地时间应选择在冬天进行，有利于疏松土壤、减少越冬代病虫害的发生。翌春栽植前，应施基肥。旱地或山地每亩施有机肥 2000 千克，林地套种每穴施有机肥 0.5 千克。

2. 定植

栽植时间在春季 3~4 月份，株行距 30 厘米 × 40 厘米，栽植密度 3000~4000 株 / 亩。栽植深度一般为 5 厘米，若穴植应将土壤先回填一半深度，再进行栽植，栽实后浇水。

3. 田间管理

除草：绞股蓝未封行前，要经常除草，保持地块干净、整洁。

追肥：苗高 10~15 厘米时，追施 1 次人粪尿，以促进茎叶生长。6 月中旬追施腐熟人畜粪或复合肥。8 月初第一次收割后再追施人粪尿。12 月份第二次收割后施入冬肥，以农家肥为主。因绞股蓝是一种喜肥植物，有条件的地方，在植株生长旺盛期可多追肥 1~2 次。

打顶：当主茎长到 30~40 厘米时趁晴天打顶，以促进分枝，一年可进行 2 次，一般摘去顶尖 3~4 厘米。

搭架遮阳：苗期忌强光直射，可在播种时种玉米或用竹竿搭 1~1.5 米高的架，上覆玉米秸、芦苇等遮阴物，由于绞股蓝自身攀缘能力差，在田间需人工辅助上架，一般在茎蔓长到 50 厘米左右时，将其绕于架上，必要时缚以细绳。搭架是绞股蓝生产上一项重要措施。

排灌：绞股蓝喜湿润，故要经常浇水，雨季注意排水，以免受涝。

4. 病虫害防治

绞股蓝抗病性极强，一般不主张使用杀虫剂等农药，可以采用其他方式进行防治，以保证绞股蓝作为天然绿色保健品的功效和品质。

绞股蓝主要的病害有白粉病、叶斑病。防治方法：清除、烧毁病残株，并将田园清理干净，用 50% 甲基硫菌灵可湿性粉剂 500~800 倍液喷雾防治。

绞股蓝主要的虫害有三星黄叶甲、小地老虎、蛴螬。防治方法：冬春清除地面的枯枝落叶、杂草，消灭越冬代幼虫；人工诱捕灭虫；施用腐熟土肥，施后覆盖薄土层，减少其产卵机会。

5. 采收管理

地上茎部分采收：绞股蓝以全草入药。当茎蔓长达 2~3 米时，选择晴天收割，收割时应注意留原植物地上茎 10~15 厘米，以利植株继续生长，割后松土追肥可连年收获。勐腊县一年可收割 3~4 次，最后一次可齐地收割，将割好的茎打成团。打成团后晾晒至干，置阴凉密闭处保藏，以保持干品色泽。一般亩产干品 200~230 千克。在对地上茎部分采收后，需要保留地下根茎部分，可用细土厩肥进行覆盖，覆盖的厚度一般为 10 厘米左右。

四、应用价值

1. 药用价值

全草入药。秋季采收，晒干。性寒，味苦。有清热解毒、止咳清肺祛痰、养心安神、补气生精之功效，用于降血压、降血脂、护肝、促进睡眠，以及肠胃炎、气管炎、咽喉炎的治疗。

2. 营养价值

绞股蓝含主要有效成分是绞股蓝皂苷，此外还含有甾醇类、黄酮类成分，以及维生素 C、谷氨酸等 17 种氨基酸和铁、锌、铜等 18 种微量元素。

五、膳食方法

绞股蓝的嫩茎叶是一种美味的野菜，可清炒、凉拌、做汤或煮粥。

1. 绞股蓝粥

食材：绞股蓝嫩茎叶、大米。

做法：把绞股蓝嫩茎叶洗净备用。大米洗净，煮至粥八成熟，再放入绞股蓝嫩茎叶，煮熟即可。

2. 绞股蓝炒肉丝

食材：绞股蓝嫩茎叶、猪瘦肉、葱、姜。

做法：把绞股蓝嫩茎叶洗净。猪瘦肉洗净，切成肉丝。葱、姜切丝。炒锅加热，放入植物油，下肉丝煸炒，加入酱油、葱丝、姜丝煸香，加入料酒、盐和少许清水，炒至肉熟，再放入绞股蓝嫩茎叶炒熟即可。

3. 绞股蓝煲汤

食材：绞股蓝嫩茎叶、鸡胸肉、猪瘦肉、茯苓、白术、生姜、葱、姜。

做法：鸡胸肉洗净、切块；药材稍冲洗。汤煲内加水，加入所有材料，武火煲 15 分钟改文火煲 45 分钟，加适量食盐调味即可。

●学名●
Sechium edule (Jacq.) Swartz

佛手瓜

别名：合手瓜、合掌瓜、丰收瓜、洋瓜、捧瓜
科属：葫芦科佛手瓜属

一、形态特征

佛手瓜是具块状根的多年生宿根草质藤本，茎攀缘或人工架生，有棱沟。叶柄纤细，无毛；叶片膜质，近圆形，中间的裂片较大，侧面的较小，先端渐尖，边缘有小细齿，基部心形，弯缺较深，近圆形；上面深绿色，稍粗糙，背面淡绿色，有短柔毛，以脉上较密。卷须粗壮，有棱沟，无毛，3~5 支分歧。雌雄同株。雄花 10~30 朵生于总花梗上部成总状花序，花序轴稍粗壮，无毛；花萼筒短，裂片展开，近无毛；花冠辐状，分裂到基部，裂片卵状披针形，5 脉；雄蕊 3 枚，花丝合生，花药分离，药室折曲。雌花单生；花冠与花萼同雄花；子房倒卵形，具 5 棱，有疏毛，1 室，具 1 枚下垂生的胚珠。果实淡绿色，倒卵形，有稀疏

短硬毛，上部有 5 条纵沟，具 1 枚种子。种子大型，卵形，压扁状。花期 7~9 月，果期 8~10 月。

二、生境分布

主要为栽培种，有逸为野生，长于林边，山路边。分布在云南、贵州、浙江、福建、广东和四川一带。

三、栽培技术

1. 育苗

佛手瓜喜温暖气候，不耐高温和严寒，生长需要较大的水分，怕干旱，但也不耐渍涝。佛手瓜在温带地区只能作一年生栽培，需整瓜播种育苗。在南方佛手瓜入窖贮藏，翌年清明前后自然出苗，而后选择苗好的种瓜直接播种。北方为培育大壮苗，提高幼苗的抗性，需及早适时进行室内催芽。催芽时间于翌年 1 月下旬将种瓜取出，用塑料袋逐个包好，移到暖室或热炕上催芽，温度 15~20℃。催芽温度不宜太高，温度过高出芽快，但芽细不健壮。适当降低催芽温度，芽粗短健壮。半个月左右种瓜顶端开裂，生出幼根，当种瓜发出幼芽时进行育苗。数量小用大营养袋或花盆放在暖室培育，数量大用简易保护地培育。营养土用通气性能好的沙质土与菜园土对半混合配制，种瓜发芽端朝上，柄朝下，覆土 4~6 厘米厚，土壤湿度为手握成团、落地即散为准。不要有积水。

育苗期瓜蔓幼芽留 2~3 枝为宜，多而弱的芽要及时摘掉。对生长过旺的瓜蔓留 4~5 叶摘心，控制徒长，促其发侧芽。育苗期间要保持 20~25℃，并还要注意保持较好的通风光照条件。

2. 定植

佛手瓜断霜后即可定植。大棚栽培可于 3 月上中旬定植，露地栽植以于 4 月中旬为宜。定植时，穴要大而深，约 1 平方米，1 米深。将挖出的土再填入穴内 1/3，每穴施腐熟优质厩肥 200~250 千克，并与穴土充分混合均匀，上再铺盖 20 厘米的土壤，用脚踩实。定植时将育苗花盆或塑料袋取下，带土入穴，土与地平面齐，然后埋土。定植后浇水，促其缓苗。定植密度，若采用种瓜育苗，大苗定植，每亩可栽 20~30 棵。用切段扦插的小苗栽培，密度可适当加大，行距 3~4 米，株距 2 米，每亩 80~120 株。

3. 田间管理

搭架引蔓与整枝：佛手瓜的繁殖力和攀缘力都较强，生长迅速，叶蔓茂密，相互遮阴，任其生长最易发生枯萎和落花落果现象。因此，当瓜蔓长到 40 厘米左右时就要因地制宜就地取材，利用竹竿、绳索等物让佛手瓜的卷须勾卷引其叶蔓攀架、上树、爬墙。佛手瓜侧枝分生能力强，每一个叶腋处可萌发一个侧芽。定植后至植株旺盛生长阶段，地上茎伸长较慢，茎基部的侧枝分生较快，易成丛生状，影响茎蔓延长和上架。故前期要及时抹除茎基部的侧芽，每株只保留 2~3 个子蔓。上架后，不再打侧枝，任其生长，但应注意调整茎蔓伸展方向，使其分布均匀，通风透光。

水肥管理：定植后 1 个月内主要做好幼苗的覆盖增温，促进生长发育。此期间不追肥，只浇小水。

根系迅速发育期，要多中耕松土，促进根系发育，为秋后植株的旺盛生长奠定基础。越夏期勤浇水，保持土壤湿润，增加空气湿度，使佛手瓜安全越夏。

进入秋季，植株地上部分生长明显加快进入旺盛生长期，要肥水猛攻，以使植株地上部分迅速生长发育，多发侧枝，为多开花多结果奠定物质基础。

盛花盛果期，日蒸腾量大，需要充分的水肥，水分以保持土壤湿润为宜，可采用叶面喷施氮、磷肥 2~3 次，或施腐熟的人畜肥。

4. 病虫害防治

佛手瓜主要的病害为霜霉病、白粉病、炭疽病等，虫害主要有白粉虱、红蜘蛛。防治方法：加强通风；用醚菌酯、吡唑醚菌酯等进行防治。

白粉虱：丽蚜小蜂和养护草蛉是白粉虱的天敌，一只丽蚜小蜂能够消灭 20~30 只白虱粉，1 头养护草蛉能够消灭 170 头粉虱幼虫，可以每隔 10~15 天释放天敌一次，释放天敌比例 2：1 即可，连续释放 3~4 次，可有效防治白粉虱。

红蜘蛛：利用红蜘蛛天敌防治。红蜘蛛天敌种类繁多，如天敌昆虫、捕食螨类和病原微生物等，以中华草蛉、食螨瓢虫、捕食螨科为代表，中华草蛉占优势，天敌数量越多，对红蜘蛛的捕食量越大，保护和增加天敌数量可增强其对红蜘蛛种群的控制作用。一定要注意利用和保护红蜘蛛的天敌。

5. 采收

采收嫩茎叶：种植 1 个月后就可以采收嫩茎叶，作为特色蔬菜"龙须菜"上市。

采收嫩瓜：从 5 月下旬开始，一直可以收到 11 月。亩产量可达 4500 千克。

采收老瓜：一般是从 10 月开始留瓜，到 12 月下霜之前采收。

四、应用价值

1. 药用价值

果实入药。10 月份采收成熟的果实，切片，晒干。性凉，味甘。有疏肝理气、和胃止痛之功效，用于脾胃湿热诸症。

2. 营养价值

佛手瓜的糖类和脂肪含量较低，蛋白质和粗纤维含量较高，含有丰富的氨基酸，所含的矿物元素有钾、钠、钙、镁、锌、磷、铁、锰、铜等。

五、膳食方法

果实可做菜肴，是名副其实的无公害蔬菜。鲜瓜可切片、切丝，作荤炒、素炒、凉拌，做汤、涮火锅、优质饺子馅等。

1. 凉拌佛手瓜

食材：嫩佛手瓜、青椒。

做法：把嫩佛手瓜、青椒用清水清洗干净，切成细条状，焯水热烫 1 分钟左右，马上放入冷水中降温，捞出沥水，之后与酱油、白糖、食用油搅拌即可。

2. 佛手瓜炒里脊

食材：嫩佛手瓜、里脊肉、大蒜、生姜。

做法：把嫩佛手瓜用清水清洗干净，切成细条状，把盐洒在果肉表面，将果肉里面的水分沥出，里脊肉也需切成细丝，加入酱油、食用盐，一起放到密封的容器大约半小时。之后倒油入锅加热，放进调配好的里脊肉与佛手瓜，加大蒜、生姜，翻炒 3 分钟就可以出锅。

3. 佛手瓜薏仁排骨汤

食材：嫩佛手瓜、薏仁、排骨、蚝豉。

做法：把嫩佛手瓜清洗干净以后，切成块状；排骨清水洗净后用刀剁成几块，在沸水里面焯 3 分钟左右即可捞出过水。之后另起一锅加水，等水煮沸后倒入排骨、薏仁、蚝豉等，等 40 分钟左右的时间，再倒入佛手瓜，2 小时过后加一点食用盐即可。

●学名●
Momordica charantia 'Abbreviata'

癞瓜

别名： 小苦瓜、山苦瓜、野苦瓜、金铃子、癞葡萄
科属： 葫芦科苦瓜属

一、形态特征

一年或多年生宿根草质藤本植物，根肥大，长椭圆形或棱形，有纵纹，黄白色，数条簇生于根茎基部；藤枝繁蔓多，主蔓长达 5~7 米，多分枝。叶对生，叶柄细，叶片轮廓卵状肾形或近圆形，膜质，上面绿色，背面淡绿色，深裂，裂片卵状长圆形，边缘具粗齿或有不规则小齿，叶脉掌状。雌雄同株，无论是雌花还是雄花，它的花柄特别细长，花柄的下部着生一枚很小的圆形叶。果形两头尖，中间粗，纺锤形、短圆锥形、长圆锥形及圆筒形等，表面长满瘤状物，柱头膨大，种子盾形、淡黄色，外有鲜红色肉质组织包裹，味甜，可食用；种皮较硬而厚，有花纹。花期 4~11 月，果期 5~12 月。

二、生境分布

生于山野肥湿地区，山谷或溪边林中。分布于福建、广西、广东、云南、贵州、江西、湖南、浙江、江苏、安徽等地。

三、栽培技术

1. 育苗

于春季 2 月中旬至 3 月初于小拱棚育苗。将癞瓜种子在 50~55℃的温水中浸种 15~20 秒，自然冷却后继续浸种 8~10 小时，在 28~32℃条件下保湿催芽，待种子露白时即可播种。用营养袋（钵）育苗，也可直接在苗地上育苗，营养土可加 1.0%~1.5% 钙镁磷肥作基肥，种子播后浇湿并盖上 1 厘米左右厚的营养土，当苗长至 3~4 片真叶时定植。

2. 定植

定植前深翻土壤，施用腐熟的猪粪 2000 千克 / 亩、过磷酸钙 150/ 亩、复合肥 75/ 亩、含量为 100% 的硼砂 1 千克 / 亩作基肥，与土拌匀，将地整成高 25 厘米、宽 4.5 厘米的畦面。3 月下旬至 4 月上旬定植。为了达到最高效益，癞瓜应采用平架式栽培，株行距比普通苦瓜宽，为 4 米 ×4.5 米，定植后应浇足定根水。

3. 田间管理

定植成活后 15 天应及时浇提苗肥，一般用 0.3% 尿素或复合肥浇灌，以促进根系伸长，同时插好竹竿引蔓，竹竿长度以 2 米长为宜，入土 20 厘米。该品种长势强，易分枝，以侧蔓结瓜为主，采收期长，因此植株 1 米高时应先将主架搭好，架高 180 厘米左右，要求牢固结实，上覆网格大小为 25 厘米 ×25 厘米的尼龙网。当植株抽蔓后引蔓上架，由于癞瓜分枝性较强，上架前主蔓 180 厘米以下的侧枝摘除，以免浪费养分，同时促进主蔓伸长。主蔓上架后，要进行适当的理蔓，保证各个方向有长度大小、粗细一致的侧蔓，以利通风和采光。坐果后，应及时去除病果、虫害果、畸形果，将劣瓜果集中清埋或倒于废弃水池中。癞瓜需肥需水量大，若缺水、缺肥，植株生长不良，易引起果实畸形和植株早衰。在第一朵雌花开放后结合中耕除草施 1 次肥，施进口 45% 三元复合肥 15 千克 / 亩，以后根据采收及生长情况及时追肥，以植株不出现褪绿为准，一般 15~20 天追施 1 次三元复合肥，30 天左右施用速效硼肥 300 克 / 亩。

4. 病虫害防治

由于癞瓜抗性强，同时采用棚架式栽培，通风好，几乎没有病害；虫害主要有瓜蚜、瓜绢螟、瓜实蝇。

瓜蚜防治上，在虫害刚发生时，可用采物理方法杀除，如利用蚜虫趋黄习性，使用黏虫板，或在黄色的塑料薄板上涂上 1 层黏性明胶，也可涂 1 层机油或糖浆加杀虫剂敌百虫等进行防治，化学防治可选择 3% 啶虫脒（莫比朗）乳油、10% 吡虫啉（一遍净）等药剂交替轮换使用。

瓜绢螟为害时期多为 7~9 月，防治上可选用 20% 氰戊菊酯 3000 倍液、苏云金杆菌可湿性粉剂（BT 粉剂）、甲氨基阿维菌素苯甲酸盐（甲维盐）等药剂交替轮换使用。

瓜实蝇以 6~11 月为害严重，目前有效的方法是诱杀成虫与药剂防治相结合。成虫诱杀一般利用糖醋药剂或台湾产的稳粘。药剂防治可在成虫盛发期，选中午或傍晚喷洒 2.5% 溴氰菊酯 3000 倍液、甲氨基阿维菌素苯甲酸盐（甲维盐）等，隔 3~5 天喷 1 次，连续喷 2~3 次。

5. 采收

花后 10~14 天，单果重 30 克左右，应适时采收。

四、应用价值

1. 药用价值

果实入药。5~11 月采收果实，切片，晒干。性寒，味苦。有清热祛心火、解毒、明目、活血、补气益精、止渴消暑之功效，用于暑热烦渴、赤眼疼痛、痢疾、疮痈肿毒。

2. 营养价值

癞瓜含有蛋白质、脂肪、淀粉、钙、磷、铁、胡萝卜素、核黄素、维生素 C 等营养成分。

五、膳食方法

采食嫩果，煲汤、清炒等。

1. 癞瓜小肠汤

食材：癞瓜、小肠。

做法：把癞瓜用清水洗净，小肠处理干净，切段，一起煲汤，先大火后文火 1 小时，即可。

2. 癞瓜排骨汤

食材：癞瓜、排骨、生姜。

做法：把癞瓜用清水洗净，排骨处理干净，切段，生姜洗净切丝，一起煲汤，先大火后文火 1 小时，即可。

3. 癞瓜海鲜汤

食材：癞瓜、海鲜（干贝、鱿鱼干等）。

做法：把癞瓜用清水洗净，海鲜处理干净，一起煲汤，先大火后文火 1 小时，即可。

●学名●
Artemisia argyi Lévl. et Van.

艾

菊科

别名： 艾蒿、艾叶、艾叶蒿、白艾、白蒿、陈艾、大艾叶、大叶艾、蒿菜、黄草、火艾、家艾、家蒿、家蕲艾、灸草、祈艾蕲、艾茭、五月艾、香艾

科属： 菊科蒿属

一、形态特征

多年生草本，高45~120厘米。茎直立，圆形，质硬，基部木质化，被灰白色软毛，从中部以上分枝。单叶，互生；茎下部的叶在开花时即枯萎；中部叶具短柄，叶片卵状椭圆形，羽状深裂，裂片椭圆状披针形，边缘具粗锯齿，上面暗绿色，稀被白色软毛，并密布腺点，下面灰绿色，密被灰白色绒毛；近茎顶端的叶无柄，叶片有时全缘完全不分裂，披针形或线状披针形。花序总状，顶生，由多数头状花序集合而成；总苞苞片4~5层，外层较小，卵状披针形，中层及内层较大，广椭圆形，边缘膜质，密被绵毛；花托扁平，半球形，上生雌花及两性花10余朵；雌花不甚发育，无明显的花冠；两性花与雌花等长，花冠筒状，红色，顶端5裂；雄蕊5枚，聚药，花丝短，着生于花冠基部；花柱细长，顶端2分叉，子房下位，1室。瘦果长圆形。花期7~10月。

二、生境分布

生于低海拔至中海拔地区的荒地、路旁河边、山坡及村庄附近，也见于森林草原及草原地区，局部地区为植物群落的优势种。除极干旱与高寒地区外，几乎遍布中国。

三、栽培技术

1. 选地

艾草适生性强，喜阳光、耐干旱、较耐寒，对土壤条件要求不严，但以阳

光充足、土层深厚、土壤通透性好、有机质丰富的中性土壤为佳，肥沃、松润、排水良好的沙壤及黏壤土生长良好。

2. 整地

地块选好后，先进行深耕，耕深 30 厘米以上。深耕土地不仅可疏松土壤，提高土壤温度和保墒能力；还可以充分利用耕质土下积淀的氮、磷、钾元素；同时，也起到部分除草作用，使当年的草籽基本上全部深埋，可除掉翌年 50% 左右的杂草。

3. 施肥

有农家肥的，可结合犁耙整地一次性施足腐熟有机农家肥 2000~3000 千克 / 亩；或用腐熟的稀人畜粪撒一层作底肥。用作艾有机肥的有效元素含量指标：有机氮磷钾含量 20% 以上，氨基酸类含量超过 20%，有机质超过 20%，腐植酸大于 5%，硫元素含量大于 10%，不含重金属等有害物质。

4. 整畦

泥土耙碎后，开始整畦。畦宽 5 米左右，便于人工除草和机械作业。每 2 畦间开一浅沟，沟深 20 厘米左右、宽 30 厘米左右，便于防涝排水。每畦中间高、两边低，便于排溉。地块四周宜开好排水沟，沟深 50 厘米左右、宽 60 厘米以上，便于旱时灌溉、涝时排水。整地后，喷洒 1 次艾专用除草剂，对杂草进行封闭杀灭，10~15 天后即可栽苗。

5. 种植

普通种植行株距为 45 厘米 ×30 厘米，密植行株距为 45 厘米 ×15 厘米，合理密植行株距则为 45 厘米 ×20 厘米。每穴 1 株。在黏性较大的黄土地或黑土地上，种植深度 5~8 厘米；沙土地或麻骨石地种植深度以 8~10 厘米为宜。

6. 管理

中耕与除草：开春后，当日平均气温达到 9~10℃，艾根芽刚刚萌发而未出地面时，用喷雾机全覆盖喷一次艾专用除草剂封闭，切忌有空白遗漏。在 3 月下旬和 4 月上旬各中耕除草 1 次，要求中耕均匀，深度不得大于 10 厘米，艾根部杂草需人工拔除。第一茬收割后，对仍有杂草的地块，用小喷头喷雾器，对艾空隙间的杂草进行喷杀，防止喷溅到艾根部；第二茬艾芽萌发后，仍有少量杂草的，进行人工除草。每茬收割后，地上仍有杂草，特别是带有草籽的杂草，应及时收集，并堆集在地头焚烧，严禁草籽落入田间。

追肥：每茬苗期，最好苗高 30 厘米左右时，选在雨天沿行撒匀艾专用提苗肥 5~10 千克 / 亩，若是晴天则用水溶解后蔸施或叶面喷施；遇到湿润天气，追肥也可与中耕松土一起进行，先撒艾专用肥，再松土，松土深度 10 厘米。化肥催苗仅适合第一年栽种的第一茬，以后各生长期不得使用化肥，否则影响有效成分的积累，降低艾品质。

灌溉：艾适应性强，且在种植之前已将畦面整成龟背形，有相应的排水沟，及时做好雨天、雨后的清沟排水工作，以防积水造成渍害。干旱季节，苗高 80 厘米以下时进行叶面喷灌；苗高 80 厘米以上则全园漫灌。

7. 采收

艾叶第一茬收获期为 6 月初，于晴天及时收割，割取地上带有叶片的茎枝，并进行茎叶分离，摊在太阳下晒干，或者低温烘干，打包存放。7 月中上旬，选择晴好天气收获第二茬，下霜前后收取第三茬，并进行田间冬季管理。

四、应用价值

1. 药用价值

干燥叶入药。秋季采收，晒干。性温，味辛、苦。有温经止血、散寒止痛之功效，用于吐血、衄血、崩漏、月经过多、胎漏下血、少腹冷痛、经寒不调、宫冷不孕。

2. 营养价值

艾草中含膳食纤维、维生素、钾、磷、镁、钙、锌、铁、锰等多种营养成分。

五、膳食方法

艾草幼苗及嫩茎叶作为蔬菜食用。新鲜的艾叶要选取最嫩的艾叶尖，这部分是比较适合食用的，口感鲜嫩多汁，可炒或做艾叶馅的饺子、艾粄、艾草粿等。

1. 艾草鸡蛋饼

食材：艾草、面粉、鸡蛋、五香粉、香葱、胡萝卜。

做法：艾草洗净，开水中加一点小苏打（加小苏打可保持色泽鲜绿），倒入艾草焯水，冷水冲凉，加入和艾草齐平的水入料理机搅打成泥。香葱切碎，胡萝卜去皮切碎，面粉里加入鸡蛋、盐，倒入艾草泥、五香粉（艾草泥不要一次倒入，要分次倒入）搅拌均匀至无干粉、面疙瘩出现，再加入葱碎、胡萝卜碎再次拌匀，搅拌成面糊。不粘锅烧热，用纱布蘸油抹匀，用勺子舀适量面糊倒入锅中，迅速旋转锅体，让面糊尽量薄厚均匀地布满锅底，呈圆饼状，看到面饼颜色变深，一面烙好后翻面烙另一面，直到两面出现饼花成熟即可。

2. 艾草炒鸡蛋

食材：野艾草、鸡蛋。

做法：野艾草叶子摘洗干净控去水分，鸡蛋去壳搅拌成鸡蛋液。锅中倒入水烧开，将野艾草叶子放入焯水，再捞出放入镂空的篮子里控去水分。锅中倒入油烧至六成热，加入野艾草叶子翻炒，将鸡蛋液均匀倒入到野艾草叶子上面，并撒入食盐调味，等鸡蛋液底部定型翻炒此菜，直至将此菜烧熟即可。

3. 艾草豆沙包

食材：艾草、面粉、酵母、豆沙。

做法：采摘的艾草洗净，打成泥。酵母用温水化开，倒入面粉中，加入艾草泥，慢慢加水拌成絮状，和成面团发酵至两倍大，取出排气揉匀，下成大小一致的剂子擀成四边薄中间厚的圆片。包入豆沙馅，用虎口慢慢收口，收口向下整理成椭圆形二次发酵至两倍大，冷水入锅，大火烧开蒸15分钟关火，不要开盖，2分钟后打开锅盖取出即可。

●学名●
Pseudognaphalium affine (D.Don) Anderb.

鼠曲草

别名：清明菜、拟鼠麹草、拟鼠曲草、鼠麹草、拟鼠麹草

科属：菊科鼠麹草属

一、形态特征

一年生草本。茎直立或基部发出的枝下部斜升，高 10~40 厘米或更高，上部不分枝，有沟纹，被白色厚棉毛。叶无柄，匙状倒披针形或倒卵状匙形互生，基部渐狭，稍下延，顶端圆，具刺尖头，两面被白色棉毛，上面常较薄，叶脉 1 条，在下面不明显。头状花序较多或较少数，近无柄，在枝顶密集成伞房花序，花黄色至淡黄色；总苞钟形，总苞片 2~3 层，金黄色或柠檬黄色，膜质，有光泽，外层倒卵形或匙状倒卵形，背面基部被棉毛，顶端圆，基部渐狭，内层长匙形，背面通常无毛，顶端钝；花托中央稍凹入，无毛。雌花多数，花冠细管状，花冠顶端扩大，3 齿裂，裂片无毛；两性花较少，管状，向上渐扩大，檐部 5 浅裂，裂片三角状渐尖，无毛。瘦果倒卵形或倒卵状圆柱形，有乳头状突起；冠毛粗糙，污白色，易脱落，基部联合成 2 束。花期 1~4 月，8~11 月。

二、生境分布

生于低海拔荒地、田野、路旁。分布于华东、中南、西南及河北、陕西、台湾等地。

三、栽培技术

1. 整地

鼠曲草喜湿润较肥沃的土地，种植时宜选灌溉方便的田地，或菜园边地。锄后施腐殖土或堆肥与表土混合后作畦，畦的大小可随意，以方便采拔为宜。

2. 育苗

鼠曲草的种子在高温下不易发芽，故宜春播。南方可在 2 月进行，有霜冻的地区露地播种于终霜后即播，或于 3~4 月间播后用地膜覆盖，保温保湿。

条播：可按行距 10 厘米开浅沟，播前于畦内灌透水，待水渗下后将种子撒下，随后撒一薄层过筛的细土，以稍盖住种子为度，约 0.1 厘米厚便可，因种子萌芽时有需光性。或播种后不覆土，只盖塑料膜，约 3 天后，即种子露白萌发时，揭去薄膜，撒一薄层细土。

3. 田间管理

鼠曲草苗期生长较慢，但少见病虫为害。因此，出苗后注意拔除杂草，保持畦土湿润，土干即浇水，如播种前已施基肥的，一般不再追肥，也不必使用农药。

4. 采收

间拔采收幼苗，植株成长后采收嫩茎叶。

四、应用价值

1. 药用价值

茎叶入药。春季开花时采收，去尽杂质，晒干，贮藏于干燥处。鲜品随采随用。性平，味甘、酸。有化痰止咳、祛风除湿、解毒之功效，用于咳喘痰多、风湿痹痛、泄泻、水肿、蚕豆病、赤白带下、痈肿疔疮、阴囊湿痒、荨麻疹、高血压。

2. 营养价值

鼠曲草含有蛋白质、碳水化合物、脂肪、胡萝卜素、维生素 B、钠、钾、钙等成分。

五、膳食方法

鼠曲草的嫩苗及嫩茎叶可食用，可凉拌、清炒，也可做成草粿，有清香味。

1. 草粿

食材：鼠曲草、糯米粉、面粉、豆沙。

做法：将洗干净的鼠曲草放入果汁机中打碎。打碎的鼠曲草汁液倒入糯米粉中，再加入少量面粉和猪油和面。把和好的面团捏成饼状，在饼子的中间加入豆沙，把豆沙全部捏入饼中。在蒸锅上垫上一层油纸，放入蒸7~8分钟即可出锅。

2.凉拌鼠曲草

食材：鼠曲草的嫩茎叶。

做法：将鼠曲草的嫩茎叶去杂洗净，入沸水锅焯透，捞入凉水洗去苦味，挤水切碎放盘内，加入精盐、味精、酱油、麻油，吃时拌匀即成。

3.炒鼠曲草炒肉

食材：鼠曲草的嫩茎叶、猪肉、葱、姜、蒜。

做法：将鼠曲草的嫩茎叶去杂洗净，入沸水锅焯透，捞入凉水洗去苦味，沥水后切段，备用。猪肉洗净切丝，热锅中放入葱、姜、蒜煸香，放入肉丝炒熟，再加入鼠曲草、调味料等翻炒几遍出锅即可。

● 学名 ●
Bidens pilosa Linn.

鬼针草

别名： 三叶鬼针草、白鬼针、刺针草、钢叉草、金盏银盘、盲肠草、三叶刺针草、三叶婆婆针、三叶王八叉、疏柔毛鬼针草、细毛鬼针草、一包针、引线包、粘身草、白花鬼针草

科属： 菊科鬼针草属

一、形态特征

一年生草本植物，高30~100厘米，茎直立，钝四棱形，无毛或上部被极稀疏的柔毛。茎下部叶较小，3裂或不分裂，通常在开花前枯萎，中部叶三出，小叶3枚，部分为具5~7小叶的羽状复叶，两侧小叶椭圆形或卵状椭圆形，先端锐尖，基部近圆形或阔楔形，有时偏斜，不对称，具短柄，边缘有锯齿、顶

生小叶较大，长椭圆形或卵状长圆形，先端渐尖，基部渐狭或近圆形，边缘有锯齿，无毛或被极稀疏的短柔毛，上部叶小，3 裂或不分裂，条状披针形。头状花序；总苞基部被短柔毛，苞片 7~8 枚，条状匙形，上部稍宽，草质，边缘疏被短柔毛或几无毛，外层托片披针形，果时长 5~6 毫米，干膜质，背面褐色，具黄色边缘，内层较狭，条状披针形；无舌状花，盘花筒状，冠檐 5 齿裂。瘦果黑色，条形，略扁，具棱。花果期 8~10 月。

二、生境分布

生于村旁、路边及荒地中。主要分布于我国华东、华中、华南、西南各省，有栽培。

三、栽培技术

1. 整地

鬼针草的种子很容易获得，一般可以在野生的鬼针草上获取。要选择颗粒比较饱满的、没有病虫害的种子，然后将种子上面的杂质清除，即可进行播种。鬼针草为野草，生命力非常旺盛，对种植的环境没有什么要求，一般荒地、山坡、峡谷等均能种植。整地也不需要费太多的精力，撒上少许腐熟的农家肥即可进行种植。

2. 育苗

鬼针草一般采用直播或者是条播的方式，但目前最常用的还是直播。即将种子均匀地撒在整好的土壤中，轻轻地用耙子将种子压入泥土中间，盖上一层腐熟的枯草即可。而条播则需要按照行间距为 30 厘米左右出浅沟，然后将种子均匀地撒在沟中，用土掩种即可。

3. 定苗

鬼针草的萌芽速度比较快，而且出苗率也很高。在种子出苗之后，需要查看田间的出苗情况，等鬼针草苗长到 10 厘米左右，开始进行间苗，一般每丛保留 3 棵苗即可，同时每丛间的距离大约是 15 厘米。然后将间离出来的幼苗，按照一定的距离栽种在缺苗的地面，保证田间的苗齐。

4. 田间管理

鬼针草的生长能力很强，它有耐湿、耐寒、耐旱、耐贫瘠、耐肥的特点。所以在种植鬼针草的过程中，不需要刻意地去进行浇水和施肥。要将田间的杂草进行清理，但不能使用除草剂。在天气非常干旱的时候，也是需要浇水，以免鬼针草因缺水而枯死。

5. 病虫害防治

鬼针草的病虫害主要有白粉病和蚜虫。

白粉病：通风透气，减少高温高湿的环境；利用百菌清、多菌灵、三唑酮（粉锈宁）等杀菌剂进行防治。

蚜虫：利用蚜虫的天敌，如瓢虫、蚜狮、寄生蜂、食蚜蝇等进行自由捕食蚜虫；也可用吡虫啉、毒死蜱等农药进行防治。

6. 采收

在夏、秋季开花盛期，收割地上部分，拣去杂草，鲜用或晒干。

四、应用价值

1. 药用价值

全草入药，在夏、秋季开花盛期，收割地上部分，拣去杂草，鲜用或晒干。性微寒，味甘、淡、苦。有清热解毒、祛风除湿、活血消肿之功效，用于咽喉肿痛、泄泻、痢疾、黄疸、肠痈、疔疮肿毒、蛇虫咬伤、风湿痹痛、跌打损伤。

2. 营养价值

鬼针草茎尖嫩叶中含有蛋白质、维生素、黄酮、胡萝卜素及 17 种氨基酸。

五、膳食方法

鬼针草嫩苗及嫩茎叶可作为蔬菜。

1. 凉拌鬼针草

食材：鬼针草嫩苗及嫩茎叶。

做法：采鬼针草比较鲜嫩的叶子，清洗时，加一些食用盐和面粉，有助于将鬼针草叶子上的虫卵和虫子清洗干净。锅里水烧开后，放入清洗干净的鬼针草叶子，滴几滴食用油，叶子焯水，20秒左右关火捞出。焯过水的鬼针草叶子，重新放入冷水中过凉，浸泡一段时间，这样处理的鬼针草叶子更加翠绿，并且还可以去除叶子的苦味。利用这个时间来调制料汁，准备适量的蒜末、小米辣放到碗里，加入盐、鸡精、蚝油、生抽、香醋、香油，将所有的材料搅拌均匀。把浸泡过的鬼针草叶子捞出挤干水分放到盘中，浇上调好的料汁，并泼上适量的热油。

2. 鬼针草炒鸡蛋

食材：鬼针草嫩苗及嫩茎叶、鸡蛋。

做法：将清洗干净的鬼针草叶子，控干水分后放到盆里，打入两颗鸡蛋，加入适量的食盐，用筷子把鬼针草的叶子和鸡蛋搅拌均匀。起锅烧油，油热后倒入蒜末爆炒，炒出蒜末的香味后再倒入鬼针草叶子和鸡蛋的混合液，转中小火不停地用铲子翻炒，以免粘锅，途中也可以加少量的热水，这样炒出来的菜和鸡蛋都比较鲜嫩，最后放一点鸡精和香油就可以装盘了。

●学名●
Cirsium spicatum (Maxim.) Matsum.

大蓟

别名： 大刺儿菜、山萝卜、大刺盖、老虎脷、地萝卜
科属： 菊科蓟属

一、形态特征

多年生草本，块根纺锤状或萝卜状，直径达7毫米。茎直立，30~80厘米，分枝或不分枝，全部茎枝有条棱，被稠密或稀疏的多细胞长节毛，接头状花序下部灰白色，被稠密绒毛及多细胞节毛。基生叶较大，全形卵形、长倒卵形、椭圆形或长椭圆形，羽状深裂或几全裂。自基部向上的叶渐小，与基生叶同形

并等样分裂，但无柄，基部扩大半抱茎。头状花序直立，少有下垂的，少数生茎端而花序极短，不呈明显的花序式排列，少有头状花序单生茎端的。总苞钟状，全部苞片外面有微糙毛并沿中肋有黏腺。瘦果压扁，偏斜楔状倒披针状，顶端斜截形。小花红色或紫色，不等 5 浅裂。冠毛浅褐色，多层，基部联合成环，整体脱落；冠毛刚毛长羽毛状，内层向顶端纺锤状扩大或渐细。花果期 4~11 月。

二、生境分布

生长在海拔 400~2100 米的山坡林中、林缘、灌丛中、草地、荒地、田间、路旁或溪旁。分布于福建、台湾、河北、山西、河南、山东、陕西、江苏、浙江、江西、湖南、湖北、四川、贵州、云南、广西、广东。

三、栽培技术

1. 整地

大蓟适应性强，对土壤要求不严。园区选土质肥沃、排灌方便、土层深厚的沙质壤土或疏松壤土田块。每亩施腐熟有机肥 1000 千克、三元复合肥 20 千克，深耕 20 厘米后土块耙细、整平，做成宽约 1.2 米、高约 15 厘米的高垄，两边开好排水沟。

2. 育苗

以种子繁殖为主，要用当年收获的种子。

3 月春播，播种前催芽，方法是将种子浸于 30℃温水中 12 小时，在 25℃条件下盖上湿布保湿避光催芽 7~10 天。当 70% 种子露白时即可播种。播前浇足底水，保持土壤湿度 65%~80%，出苗期间保持湿润。穴播：按行株距 30 厘米 ×30 厘米开穴，穴深 3~5 厘米，种子用草木灰拌匀后播入穴内覆土。播种后浅覆土浇水，适温下 10 天左右出苗。

9 月秋播，以秋播为好。7~8 月种子成熟后，采收头状花序，晒干，脱粒，备用。秋季采用条播，行距 30 厘米，开条沟 2 厘米深，播种后覆浅土浇水，土面发白应及时补水，小苗期适当遮阴育苗。

生产上亦有用根芽繁殖，3~4 月利用长势强壮带芽的根进行栽种。行株距 35 厘米 ×20 厘米，种后压实浇水。分株繁殖：3~4 月挖掘母株，分成小株栽种。

3. 田间管理

中耕除草：大蓟喜温暖湿润气候，耐旱，适应性较强。苗期 1~2 片叶时间苗，每年中耕除草 3~4 次，首次中耕宜浅。掌握除早除了除好的原则，减少杂草与苗争肥。大蓟抽薹开花后应及时摘除，以利根部生长，提高大蓟根（药材）的产量和质量。

水肥管理：施肥可结合中耕除草进行，一般种植 1 个月后可施稀薄氮肥。苗期追肥宜少量多次，花期前后施 1 次高钾低氮磷复合肥，2~3 年生苗春季和冬季前施腐熟的猪粪、牛粪、鸡粪等有机肥，以提高抗逆性。大蓟肉质根不耐涝，夏季高温多雨时应注意及时排水。

4. 虫害防治

大蓟一般无病害，虫害主要为蚜虫，为害叶片、花蕾和嫩梢，4 月中旬至 5 月下旬是其大量发生期，可用 10% 吡虫啉 3000~5000 倍液喷雾防治。

5. 采收

夏、秋两季花开时采割地上部分，除去杂质，晒干。药用大蓟以采收肉质根为主，需栽种 3 年，根于 8~10 月采挖，除去泥土、残茎，洗净晒干切片入药。大蓟全草以色灰绿、无杂质者为佳；根以条粗壮、无须毛、无芦头者为佳。

四、应用价值

1. 药用价值

全草入药。性凉，味甘、苦。有凉血止血、祛瘀消肿之功效，用于衄血、吐血、尿血、便血、崩漏、外伤出血、痈肿疮毒。

2. 营养价值

大蓟的嫩叶含有胡萝卜素、维生素、碳水化合物、蛋白质、膳食纤维、脂肪、钙、磷、黄酮和黄酮苷类等营养元素。

五、膳食方法

大蓟的嫩叶可食用。可凉拌、炒食、炖汤或腌制咸菜，也可直接将鲜品洗净蘸酱食用，有清热降火作用。

1. 炒大蓟

食材：大蓟嫩叶。

做法：采摘大蓟嫩叶洗净，焯水后切段。油锅烧热，入葱花煸香，投入大蓟煸炒，加入精盐炒至入味，点入味精即可。

2. 大蓟炒鸡蛋

食材：大蓟嫩叶、鸡蛋。

做法：采鲜大蓟嫩叶洗净，焯水后切碎，加入鸡蛋搅匀，入油锅炒熟即可。

3. 大蓟嫩叶牛肉

食材：大蓟嫩叶、牛肉、葱、姜。

做法：把鲜大蓟嫩叶洗净，焯水后切段，备用。牛肉洗净，切片，加入料酒、精盐、酱油、葱段、姜片，用小火烧至牛肉入味，再投入大蓟叶烧至入味，点入味精、胡椒粉，煮熟即可。

●学名●
Aster indicus Heyne

马兰

别名：马兰头、紫菊、阶前菊、鸡儿肠、竹节草、马兰菊、蠮螉菊、鱼鳅串、红梗菜、日边菊、田菊、毛蜞菜、红马兰、马兰青、路边菊、蠮螉头草

科属：菊科马兰属

一、形态特征

多年生草本，高 30~70 厘米，茎直立。叶互生，基部渐狭，成具翅的长柄，叶片倒披针形或倒卵状长圆形，顶端钝或尖，边缘有疏齿或羽状浅裂；上部叶

渐小，全缘；全部叶质稍薄，两面或表面有疏微毛或近无毛，边缘及背面沿脉有短粗毛。头状花序单生枝顶，排成疏伞房状；总苞半球形，总苞片 2~3 层；花托圆锥形；舌状花 1 层，舌片浅紫色；管状花多数，管部被短毛。瘦果倒卵状长圆形，极扁，褐色，边缘色浅有厚肋；冠毛不等长，易落。花果期 5~10 月。

二、生境分布

生长在林缘、草丛、溪岸、路旁。主要分布于四川、云南、贵州、陕西、河南、湖北、湖南、江西、广东、广西、福建、台湾、浙江、安徽、江苏、山东、辽宁等，有栽培。

三、栽培技术

1. 整地

马兰多生在路边、田边、山坡上，适应性广，喜温暖气候，对于光照要求不严，也较耐阴，有极强的抗寒和耐热力，能适应 −10℃低温和 32℃的高温。宜选择土壤疏松、肥沃、湿润、排灌方便的地块种植，种植前将土壤进行深翻，利用太阳将其暴晒 1 月后，施入基肥，在秋季 8~9 月即可进行繁殖。

2. 育苗

马兰可以采用播种和根茎的繁殖方法，播种时间在立春后，采用播种的方法，将种子均匀地撒播在地面，一般播种 15 天后出苗，但是由于种子比较难收集，所以在生产上都选择根茎繁殖。可在 8~9 月时，在野外或人工培育的健壮植株连其根茎挖出，注意不要损害到根系。采用穴栽的方法，将挖取的根茎平铺在穴内，覆盖一层腐熟的有机肥，再覆一层 3~5 厘米厚的沙土，压实浇水，5~7 天即可成活。

3. 田间管理

马兰播后 15 天左右出苗，其间如遇干旱，须常常喷水，坚持畦面潮湿，直至出苗。分根繁衍的马兰，视泥土墒情，实时倒水、追肥，幼苗 2~3 片真叶时，第一次追肥，可施用腐熟的淡薄人粪尿，第二次追肥宜在采收前 1 周，以后每采收 1 次，追肥 1 次。施肥量不宜过大，以速效氮肥为主，配施磷、钾肥。

马兰植株幼小，易与杂草混生，须实时除草。除草宜在幼苗 5~8 片真叶时。

4. 病虫害防治

马兰作为一种土菜，它的抗病力也是极强的，在种植时极少发生虫害，但是由于周围其他作物的影响，可能会出现菜青虫啃食叶片的现象，所以在收割后，要用药剂防治。

5. 采收

在人工栽培条件下，大棚马兰是一年四季均可采收的蔬菜，且栽种一次可连续采收多年。只要不断地剪去嫩梢，它就会不断地长出嫩梢，不会开花，不会结籽，源源不断地供人们采剪和食用。

四、应用价值

1. 药用价值

干燥全草入药。春、夏取生，秋、冬取干。性凉，味辛。有凉血止血、清热利湿、解毒消肿之功效，用于吐血、衄血、血痢、崩漏、创伤出血、黄疸、水肿、淋浊、感冒、咳嗽、咽痛喉痹、痔疮、痈肿、丹毒、小儿疳积。

2. 营养价值

马兰叶中富含多种矿物质，如钙、铁、锌、硒、钾等，还含有蛋白质、胡萝卜素、烟酸、维生素 C 及 7 种人体必需氨基酸等。

五、膳食方法

马兰的嫩叶与芽尖可炒，也可做上汤。与其他蔬菜不同的是，马兰的钾含量很高，是一般蔬菜的 20 倍左右，是适合高血压患者的一种蔬菜。

1. 凉拌马兰

食材：鲜嫩马兰、豆腐干。

做法：将鲜嫩马兰清水洗净，投入沸水锅中烫至断生，捞出在冷水中浸凉后，挤干水，切成碎粒；香豆腐干切成与马兰同样大小的碎粒，共同放入盘内，浇入麻油、酱油、精盐、白糖、醋，拌匀即成。

2. 马兰鸡蛋饼

食材：鲜嫩马兰、鸡蛋、香肠、面粉。

做法：香肠温水清洗备用，新鲜的马兰洗净再放入清水里浸泡 10 分钟左右，取出沥干水分后与香肠一起切碎沫，加鸡蛋一起放入面粉盆中，加适量清水用筷子搅拌均匀，然后放 1 小勺食盐，再搅拌均匀成可以流动的面糊，面糊浓稠稀湿可根据各人喜好而定。平底不粘锅倒入少许菜籽油，煎出来的饼味道更香。烧热后舀适量面糊至锅中，开中小火慢慢煎制，待表面变色且四周出现翘边后翻面，再继续煎到两面金黄即可。

3. 马兰鸡蛋汤

食材：鲜嫩马兰、鸡蛋。

做法：采摘鲜嫩马兰用清水洗净，投入沸水锅中烫至断生，捞出在冷水中浸凉后，备用；锅中水沸，放入备好的马兰，打入鸡蛋煮开，调点味，加点葱花，即可。

●学名●
Galinsoga parviflora Cav.

牛膝菊

别名： 辣子草、小米菊、向阳花、珍珠草、铜锤草、旱田菊、兔儿草、辫子草、肥猪苗、钢锤草、辣子花、辣子菊、毛大丁草

科属： 菊科牛膝菊属

一、形态特征

一年生草本，高 10~80 厘米。茎纤细，不分枝或自基部分枝，分枝斜升，全部茎枝被疏散或上部稠密的贴伏短柔毛和少量腺毛，茎基部和中部花期脱毛或稀毛。叶对生，卵形或长椭圆状卵形，基部圆形、宽或狭楔形，顶端渐尖或钝，基出三脉或不明显五出脉，在叶下面稍突起，在上面平，有叶柄；向上及花序下部的叶渐小，通常披针形；全部茎叶两面粗涩，被白色稀疏贴伏的短柔毛，

沿脉和叶柄上的毛较密，边缘浅或钝锯齿或波状浅锯齿，在花序下部的叶有时全缘或近全缘。头状花序半球形，有长花梗，多数在茎枝顶端排成疏松的伞房花序。总苞半球形或宽钟状；总苞片 1~2 层，约 5 个，外层短，内层卵形或卵圆形，顶端圆钝，白色，膜质。舌状花 4~5 个，舌片白色，顶端 3 齿裂，筒部细管状，外面被稠密白色短柔毛；管状花花冠，黄色，下部被稠密的白色短柔毛。托片倒披针形或长倒披针形，纸质，顶端 3 裂或不裂或侧裂。瘦果有 3~5 棱，黑色或黑褐色，常压扁，被白色微毛。舌状花冠毛毛状，脱落；管状花冠毛膜片状，白色，披针形，边缘流苏状，固结于冠毛环上，正体脱落。花果期 7~10 月。

二、生境分布

生长于林下、河谷地、荒野、河边、田间、房前屋后、溪边或市郊路旁。分布在四川、云南、贵州、西藏、福建、广东、广西等地。

三、栽培技术

1. 育苗

南方 10~11 月播种育苗，把种子均匀撒播在细碎平整的苗床上，盖一层细土，以看不见种子为宜，再盖一层黑纱，淋透水，7~10 天出苗，当苗长至 4 片真叶时定植。

2. 定植

定植时应选择肥沃疏松的田块，每亩施入有机肥 1000 千克，做成宽 1.5 米的高畦，按 25 厘米 × 30 厘米的株行距定植，定植后淋足定根水，以利成活。

3. 田间管理

牛膝菊生长快，侧枝生长旺盛，生长量大，缓苗后，应及时追肥，一般每隔 10~15 天，每亩施 46% 尿素 10~15 千克，并保持土壤湿润，这样有利于茎叶生长，品质也较好。如果缺水、缺肥，不仅对其产量、品质有影响，还会使其向生殖生长转化，很快就开花结实。

4. 病虫害防治

牛膝菊主要的病虫害有白粉病及蚜虫。

白粉病由白粉病菌侵害发病，随风雨传播，发病后产生大量分生孢子和菌丝体，通风不良、光照不足、风雨天气时，易发病。防治方法：苗期不能太密，防病于苗期开始，可用 70% 甲基硫菌灵（甲基托布津）1500 倍液、三唑酮（粉锈宁）3000 倍液、多菌灵 1000 倍液，10 天一次，交替叶面喷洒，3~4 次即可防治。

蚜虫以胎生小蚜虫的方法繁殖后代，一年发生十余代。防治方法：利用蚜虫的天敌，如瓢虫、蚜狮、寄生蜂、食蚜蝇等进行自由捕食蚜虫；也可用吡虫啉、毒死蜱等农药进行防治。

5. 采收

牛膝菊主要采收嫩茎叶，当苗高 30 厘米时，便可开始采收。第一次采收不可太低，要留一定数量的基叶使其发生侧枝，采收的嫩茎长 10 厘米左右。采收要及时，太迟易纤维化，还会抑制侧枝发生，从而影响产量。

四、应用价值

1. 药用价值

全草入药。夏、秋季采收，鲜用或晒干。性平，味微苦、涩。有止血凉血、消炎杀菌、活血通经之功效，用于外伤出血、扁桃体炎、咽喉炎、急性黄疸型肝炎、夜盲。

2. 营养价值

牛膝菊含胡萝卜素、维生素 B 族、维生素 C、钾、铁、磷、镁等。

五、膳食方法

牛膝菊以嫩茎叶供食，有特殊香味，风味独特，可炒食、做汤、作火锅用料。

1. 牛膝菊煮猪肝

食材：牛膝菊的嫩茎叶、猪肝。

做法：采牛膝菊的嫩茎叶用清水洗净，焯水备用；猪肝洗净切片，再把食材一起用水煮熟即可。

2. 清炒牛膝菊

食材：牛膝菊、大蒜、生姜。

做法：把牛膝菊的嫩叶择洗干净，控干水分备用。大蒜切碎，生姜切丝。起锅烧油，油热后放入大蒜和生姜，用中火炒香，之后放入牛膝菊大火翻炒。待牛膝菊颜色变深后，加入适量食盐，翻炒均匀即可出锅装盘。

●学名●
Gynura divaricata (Linn.) DC.

白子菜

别名： 白背三七、白东枫、玉枇杷、三百棒、厚面皮、鸡菜、大肥牛、白番苋、白红菜、疗拔、白血皮菜、叉花土三七、东风菜、耳叶土三七、白背土三七、白冬枫、白籽菜、白子草

科属： 菊科菊三七属

一、形态特征

多年生草本，高30~60厘米，茎直立，或基部多少斜升，木质，干时具条棱，不分枝或有时上部有花序枝，无毛或被短柔毛，稍带紫色。叶质厚，通常集中于下部，具柄或近无柄；叶片卵形，椭圆形或倒披针形，顶端钝或急尖，基部楔状狭或下延成叶柄，近截形或微心形，边缘具粗齿，有时提琴状裂，稀全缘，上面绿色，下面带紫色，侧脉3~5对，细脉常连结成近平行的长圆形细网，干时呈清晰的黑线，两面被短柔毛；叶柄有短柔毛，基部有卵形或半月形具齿的耳；上部叶渐小，苞叶状，狭披针形或线形，羽状浅裂，无柄，略抱茎。头状花序，通常2~5个在茎或枝端排成疏伞房状圆锥花序，常呈叉状分枝；花序梗被密短柔毛，具1~3线形苞片。总苞钟状，基部有数个线状或丝状小苞片；总苞片1层，11~14个，狭披针形，顶端渐尖，呈长三角形，边缘干膜质，背面具3脉，被疏短毛或近无毛。小花橙黄色，有香气，略伸出总苞。花药基部钝或微箭形；花柱分枝细，有锥形附器，被乳头状毛。瘦果圆柱形，褐色，具10条肋，被微毛；冠毛白色，绢毛状。花果期8~10月。

二、生境分布

生于山野、疏林边、农舍前后、田边地角及池塘边。分布于广东、海南、香港、云南、广西、福建、江西、浙江等，有驯化栽培。

三、栽培技术

1. 整地

白子菜喜潮湿环境。一年四季均可种植，以 4~9 月份育苗移栽为宜。由于白子菜可一次种植多次收获，生长期较长，茎叶生长茂盛，所以整地时要多施基肥，一般每亩施腐熟有机肥 2000~3000 千克。畦宽 1.5 米。

2. 育苗

多采用枝条扦插无性繁殖为主。苗地育苗时，苗床应选择疏松、肥沃、排水良好的土壤，育苗前充分翻土晒土，并施入少量腐熟的堆肥。掺匀后起畦，平整畦面，土表层颗粒要细小，以利于生根，畦面龟背形，以防积水。扦插后淋足水分，晴天每天淋水 2~3 次，阴天淋水 1~2 次，雨天注意防积水。

3. 定植

枝条生根成活后即可移栽，一般育苗期为 10~20 天。双行植，株距 20~30 厘米，每亩植 4000~5000 株。定植后及时淋缓苗水。

4. 田间管理

中耕除草：植株生长前期生长量较小，地面覆盖指数较低，适当进行中耕除草可促进植株生长。中耕可以防止表土板结，促进土壤通气，并清除杂草。中耕除草应在植株封行前进行，掌握离根远处宜深耕、近处宜浅耕的原则，防止伤根。中耕时应锄松沟底和畦两侧，并将松土培于畦侧或畦面上，以利沟路畅通，便于排灌。

肥水管理：由于白子菜为多年生植物，生长期长，应在施基肥的基础上加强追肥。若基肥充足，追肥次数可减少。定植后 4~6 天薄施速效性氮肥 1 次，每亩可施 46% 尿素 5~10 千克，以促进发根和茎叶生长。植株封行前再重施肥 1 次，每亩用复合肥 20~25 千克结合培土施入行间。以后根据植株生长情况或每收获 1 次施肥 1 次，每亩施复合肥 5~10 千克。白子菜生长期间，水分管理十分重要。土壤缺水则肥效降低，植株生长缓慢，纤维增加，降低产量与品质；过湿则易引发病害，故雨天应注意排水，勿使畦沟积水。

遮阴软化：高温强光照会抑制植株生长，降低品质。为提高产品质量，在夏秋季可采用遮阳网覆盖，进行软化栽培，促进生长，提高品质。同时，也可与其他高大作物间套种。

5. 采收

一般在定植后 20~30 天即可采收，采收时摘取上部幼嫩枝叶，每条嫩枝10~15 厘米。一般每隔 7~10 天采收 1 次，生长盛期可隔天采收，适当采收可促进生长和分枝，抑制生殖生长，提高产量。

四、应用价值

1. 药用价值

以全草入药。夏秋采集，洗净切片，鲜用或晒干。性寒，甘、淡。有清热解毒、舒筋接骨、凉血止血之功效，内用于支气管肺炎、小儿高热、百日咳、目赤肿痛、风湿关节痛、崩漏，外用治跌打损伤、骨折、外伤出血、乳腺炎、疮疡疔肿、烧烫伤。

2. 营养价值

白子菜含有氨基酸、蛋白质、脂肪、糖类、维生素类、纤维素类、碳水化合物、矿物质元素，是一种营养丰富的天然绿色食物。

五、膳食方法

白子菜嫩茎叶作为蔬菜食用，可旺火清炒、焯水凉拌，也可作为炖汤、蒸鱼、炒肉蛋等的配料，白子菜的多种做法皆可保证色泽好、口感佳且无特殊气味。

1. 白子菜豆腐汤

食材：白子菜、豆腐、三层肉、葱、姜。

做法：豆腐切块，焯水备用；三层肉洗净切片，姜切片，一起用水煮开，放入洗好的白子菜嫩叶，煮熟，调味，点葱花即可。

2.素炒白子菜

食材：鲜嫩白子菜。

做法：采摘鲜嫩白子菜的茎叶，用清水洗净，锅中热油放蒜、姜炒香，再放入洗好的白子菜，炒熟，调味即可。

3.凉拌白子菜

食材：鲜嫩白子菜、辣椒、生姜、蒜。

做法：采摘鲜嫩白子菜的茎叶，用清水洗净，焯水装盘；辣椒、生姜、蒜切碎，蚝油、盐拌均，撒在白子菜上，浇上热油。

●学名●
Gynura bicolor (Roxb. ex Willd.) DC.

红凤菜

别名： 火结菜、紫背菜、紫北菜、两色三七草、白背三七、当归菜、凤凤菜、凤凰菜、观音菜、红背菜、红背三七、红菜、红番苋、红梗草、红毛番、红玉菜

科属： 菊科菊三七属

一、形态特征

多年生草本，全株肉质。根粗壮。茎多直立，少量匍匐，基部略木质，高50~100厘米，多分枝，带紫色，有细棱，嫩茎被微毛，后变无毛。叶互生，茎下部叶有柄，上部叶无柄；叶片卵圆形或卵形，先端渐尖或急尖，基部下延，边缘有粗锯齿，有时下部具一对浅裂片，上面绿色，被微毛，下面红紫色，无毛。10~11月开花，头状花序，在茎顶作伞房状疏散排列；花序梗远高于茎顶；总苞筒状，总苞片草质，2层，外层近条形，小苞片状，内层条形，边缘膜质；花黄色，管状花两性；花药基部钝，先端有附片；花柱分枝，具长钻形有毛的附器。种子扁，圆矩形，有纵线条，被微毛；冠毛白色，绢毛状。

二、生境分布

生于山坡林下、岩石上、河边湿处、房屋前后隙地和向阴地。分布于广东、广西、海南、福建、云南、江西、台湾等地，有驯化栽培。

三、栽培技术

1. 整地

红凤菜适宜于排水良好，富含有机质，疏松，保水保肥能力强的微酸性土壤上生长。忌在过酸、过碱、过黏、过板结、无水源的地块上种植。整地时要多施基肥，一般每亩施腐熟有机肥 2000~3000 千克。畦宽 1.5 米。

2. 育苗

红凤菜通常采取扦插繁殖。春季秋季从健壮母株上剪取成熟嫩茎作插条，摘去基部叶片，插于湿润沙床中，半个月左右可成活。夏天扦插，要覆盖遮阳网降温保湿。茎节上已经长出 1~2 厘米长不定根的枝条，可直接剪插在畦上，而进入生长阶段。

3. 定植

结合整地每亩施入 5000 千克腐熟农家肥。整成高 25~30 厘米，宽 130~140 厘米的地畦，定植株行距为（25~30）厘米 ×（30~40）厘米，每亩种植 6000 株左右。土壤肥沃的地块，可适当稀栽；而土壤瘦薄的可适当密植。

4. 田间管理

追肥宜勤薄：红凤菜喜肥，除种植前施足底肥外，平时要薄肥勤施。3~10 月份生长旺季，每 15 天左右追施 1 次氮素为主的稀释液肥，或每采 1 次梢叶追施 1 次肥料。冬季生长减弱，要少施或不施肥。

湿度要保证：红凤菜生长期间对水分的需求量较大。土壤和空气湿度大，芽叶就生长快且嫩绿，食用品质高；反之，生长缓慢，鲜品纤维含量高。因此，夏秋干旱季节要经常灌水和叶面喷水。

花蕾早摘除：以采嫩梢及叶为主。抑制营养生长向生殖生长转化，可减少养分的不良消耗，提高鲜叶产量。因此，除增加氮肥施入，或少磷钾肥施用外，要及时摘除植株顶端花蕾，使养分满足梢叶生长的需要。

夏热宜遮阴：夏天气温高燥，宜进行遮阳网栽培，运用遮光度不同的遮阳网来控制阳光，可提高鲜品质量。

5. 采收

当植株长到一定程度，要适时采收，即采下长 10~20 厘米、有 5~7 片嫩片的嫩梢，20 天后进行第二次采收，以此类推。过迟采收使植株变高、嫩梢过粗，而过度采摘也会使生长减弱、嫩梢变小、产量降低。

四、应用价值

1. 药用价值

全草或茎、叶入药。全年可采。茎、叶富含水分，一般多鲜用。性凉，味甘、辛。有凉血止血、清热消肿之功效，内用于咳血、血崩、痛经、血气痛、支气管炎、盆腔炎、中暑、阿米巴痢疾，外用适用于创伤出血、溃疡久不收口、疔疮痈肿、甲沟炎。

2. 营养价值

红凤菜不仅含有多种铁、铜、锌等微量元素，还含维生素 C、粗蛋白、黄酮甙等成分，这类物质有延长抗坏血酸效力和减少血管紫癜的作用，对恶性生长细胞有中度抗效。

五、膳食方法

红凤菜以嫩梢嫩叶供食，多作凉拌、拼盘、炒食或上汤。

1. 红凤菜炒鸡蛋

食材：鲜红凤菜嫩叶、鸡蛋。

做法：采摘鲜红凤菜嫩叶洗净，切碎，与鸡蛋拌均，炒熟，少许黄酒。

2. 红凤菜猪肝汤

食材：鲜红凤菜嫩叶、猪肝。

做法：采红凤菜嫩叶洗净，猪肝洗净切片；先将猪肝炒熟，加入清水煮开，放入红凤菜，现煮开，调味即可。

3. 蒜香红凤菜

食材：鲜红凤菜嫩叶、蒜、生姜、辣椒。

做法：将鲜红凤菜嫩叶洗净，锅中油热，把蒜、生姜、辣椒切细煸香，加入红凤菜嫩叶翻炒，调味即可。

●学名●
Stevia rebaudiana (Bertoni) Hemsl.

甜叶菊

别名：甜菊、糖草、甜草、甜泽兰

科属：菊科泽兰属

一、形态特征

多年生草本，高 100~150 厘米。茎直立，基部半木质化，多分枝。叶对生；无柄；叶片倒卵形至宽披针形，先端钝，基部楔形，上半部叶缘具粗锯齿。头状花序小，在枝端排成伞房状，每花序具 5 朵管状花，总苞圆筒状；总苞片 5~6 片，近等长，背面被短柔毛；小花管状，白色，先端 5 裂。瘦果，长纺锤形，黑褐色；冠毛多条。花果期 8~10 月。

二、生境分布

生长在荒废的村落及各种垃圾场附近。分布于北京、安徽、河北、山东、陕西、江苏、甘肃、新疆、云南、福建等地，有驯化栽培。

三、栽培技术

1. 整地

甜叶菊对肥水要求较高。一般底施有机肥 4000 千克 / 亩、40% 复合肥 60千克 / 亩。整地前用 40% 辛硫磷 2 千克 / 亩和 50% 多菌灵 2 千克 / 亩进行土壤消毒，以预防枯萎病、黄萎病和根腐病等。在整地前或整地后一定要撒施毒饵，以防止金针虫、地老虎、蝼蛄和蛴螬等地下害虫咬苗。整地时要做到耕深、耙平，耕层要达到 15 厘米以上，做畦时要平，畦面不要太宽，以利于浇水、排水。

2. 育苗

由于甜叶菊种子较小，一般不采用直播，主要采取育苗移栽。育苗的方式有 2 种：一种是种子育苗，一种是扦插育苗。因种子育苗时变异单株较多，常造成田间不整齐，影响产量和品质，所以目前多采用扦插育苗。

3. 定植

春栽在 4 月下旬后进行，夏栽受冬小麦收获期制约，一般在 6 月上中旬进行，收麦后及时移栽（最晚不超过 6 月底）。

甜叶菊的定植密度一般为 1 万株 / 亩左右。春栽（或夏栽的高肥水地块）可适当稀植，密度为 0.8 万 ~1 万株 / 亩；夏栽（或春栽的低肥水地块）可适当密植，密度为 1 万 ~1.2 万株 / 亩。移栽时按大小行定植，大行距 50 厘米，小行距 30 厘米；株距均为 15~20 厘米。

4. 田间管理

查苗补苗：移栽后一定及时查苗、补苗，力争全苗。

培土防倒：甜叶菊定植浇水后，要及时中耕松土保墒。结合中耕，对倒伏苗进行扶正培土，中耕时不宜太深，以免伤根。以后在苗高长至 30 厘米左右时，结合中耕除草再进行 1 次全面培土，以防后期倒伏。

摘芯断头：为了促进侧芽萌发，增加分枝和叶数，宜选择矮化、紧凑株型，以增强抗倒能力，提高叶片产量，在甜叶菊移栽定植后 25~30 天，苗高 15~20 厘米时，进行 1 次摘芯断头。

水肥管理：在甜叶菊的整个生长期，一定要根据天气、墒情、苗情及时浇水，严防土壤干旱，保持地表湿润，但田间不能有积水。一般情况下，浇过定植水后需要再浇水 2~3 次：第一次在缓苗后，浇返青水 1 次；第二次在摘芯断头后，同时追施一遍肥，浇促进分枝水 1 次；第三次在苗高达到 30~40 厘米时，追施第二遍肥后，浇封垄水 1 次。浇水或大雨后，如果田间有积水要及时排除，防止涝灾。

中耕除草：杂草主要是结合中耕进行人工铲除，一般不提倡使用化学除草剂。在每次浇水或大雨过后，都要进行1次中耕浅锄，既可锄草又可保墒。注意中耕时宜浅不宜深，后期只拔草不中耕。

采摘脚叶：脚叶是指主茎有效分枝以下的叶和有效分枝下部的2~3对叶。这些叶子封垄后，叶片自身衰老，加之通风透光不良，很容易感病、腐烂、坏死。封垄前期，在劳动力充足的情况下，将脚叶全部采下，晒干备售。在采脚叶期间最好喷施1次70%甲基硫菌灵（甲基托布津）600~800倍液与磷酸二氢钾的混合液，以防止病菌的侵染和传播。

5. 病虫害防治

甜叶菊病虫害的防治要按照"预防为主，综合防治"和"治早、治少、治净"的原则。一是在甜叶菊枯萎病、黄萎病和根腐病等病害发生初期，用50%多菌灵和70%甲基硫菌灵（甲基托布津）800~1000倍液进行防治；二是在金针虫、地老虎、蝼蛄和蛴螬等地下害虫发生初期，用黑光灯和糖醋液进行诱杀防治。

6. 采收

叶片中甜菊苷的含量以现蕾期最高，叶片的风干率也最高。只要有30%~40%的植株现蕾时，即可以作为收获时期。收获时在离地面约20厘米处剪下枝干，并注意每株留下1~2个带叶的分枝，以利于植株的生长。

四、应用价值

1. 药用价值

叶入药。春、夏、秋季均可采收，除去茎枝，摘取叶片，鲜用或晒干。性平，味甘。有生津止渴、降血压之功效，用于消渴、高血压病。

2. 营养价值

甜叶菊含有蛋白质、脂肪、纤维素、糖类、胡萝卜素、维生素、钙等营养成分。

五、膳食方法

甜叶菊的幼苗和嫩叶可炒食、凉拌、做汤、做馅、煮食、泡茶。

1. 甜叶菊绿豆冰沙

食材：甜叶菊、绿豆。

做法：将绿豆和甜叶菊清洗干净；将绿豆放进高压锅，加水煮到半熟，打开锅盖，将已分层的绿豆壳筛走；加入洗干净的甜叶菊叶，盖上锅盖，继续煮；待甜叶菊叶煮熟后，摊凉，放进冰箱，待结冰后，刨成冰沙，即可。

2. 苦瓜甜叶汤

食材：甜叶菊、苦瓜、排骨。

做法：采甜叶菊嫩叶洗净，备用；用清水洗净苦瓜与排骨并切小块，一起在煲汤锅煲 1 小时，放入甜叶菊嫩叶，再煲 10 分钟后即可。

●学名●
Crassocephalum crepidioides (Benth.) S. Moore

野茼蒿

别名：革命菜、灯笼草、关冬委妞、凉干药、胖头芋、野蒿筒、野木耳菜、野青菜、一点红、东风菜、飞花菜、革命草、革命蒿

科属：菊科野茼蒿属

一、形态特征

直立草本，高 20~120 厘米，茎有纵条棱。无毛叶膜质，椭圆形或长圆状椭圆形，顶端渐尖，基部楔形，边缘有不规则锯齿或重锯齿，或有时基部羽状裂，两面无或近无毛。头状花序数个在茎端排成伞房状，总苞钟状，基部截形，有数枚不等长的线形小苞片；总苞片 1 层，线状披针形，等长，具狭膜质边缘，顶端有簇状毛，小花全部管状，两性，花冠红褐色或橙红色，檐部 5 齿裂，花柱基部呈小球状，分枝，顶端尖，被乳头状毛。瘦果狭圆柱形，赤红色，有肋，

被毛；冠毛极多数，白色，绢毛状，易脱落。花期 7~12 月。

二、生境分布

生长在阴山沟、林下、水旁、山坡路旁、灌丛中。分布于云南、四川、重庆、湖北、贵州、广东、广西、海南、江西、浙江、福建、台湾、香港、澳门、西藏、甘肃。

三、栽培技术

1. 育苗

3 月上旬播种育苗。苗圃最好选向阳、土壤肥沃、土层深厚、灌溉方便的地块。先翻地、耙平，做成宽 1 米的畦，将畦面土耙细、整平，再用扫帚拍实，然后用机动喷雾器播种，随即用洒水壶浇透水 1 次，搭塑料小拱棚保湿、保温。

苗期管理：播种后 7~9 天开始发芽，苗出齐后进行第一次除草。当苗高 4~5 厘米时进行第二次除草，并间苗，每隔 3~5 厘米留壮苗 1 株，结合间苗施稀薄人畜粪水 1 次，或用 0.1% 尿素水溶液喷雾于植株，以促幼苗生长健壮。

2. 田间管理

整地：定植地最好选土层深厚、土壤肥沃、灌溉方便的黄壤土、沙壤土。选好地后翻地，结合整地，每亩施用腐熟农家肥 2000~2500 千克，翻入土中作基肥，然后做成平畦。

移栽：4 月中旬，当苗高 10 厘米左右时移栽。栽前按株、行距 30 厘米 ×30 厘米挖穴，每穴栽苗 1 株，栽后用人畜粪水浇定根肥 1 次，以提高成活率。

除草追肥：5 月上中旬、6 月上旬、7 月上旬各进行 1 次中耕除草。野茼蒿喜肥，要结合中耕除草，用人畜粪水追肥 1 次。花蕾会影响野茼蒿的食用价值、抑制侧枝生长、缩短采收期及提高产量，因此要随时摘除花蕾。

四、应用价值

1. 药用价值

全草入药。夏季采收，以鲜用为佳。性平，味辛。有健脾消肿、清热解毒、行气、利尿之功效，用于治感冒发热、痢疾、肠炎、尿路感染、乳腺炎、支气管炎、营养不良性水肿等症。

2. 营养价值

野茼蒿主要含有蛋白质、脂肪、粗纤维、钙、磷、胡萝卜素、维生素等营养成分。

五、膳食方法

野茼蒿的嫩茎叶可作野菜食用。

1. 凉拌野茼蒿

食材：野茼蒿嫩茎叶或嫩苗。

做法：采摘野茼蒿嫩茎叶或嫩苗，清水洗净，放沸水中焯过，加芝麻油、食盐、酱油、醋适量拌匀即可。

2. 野茼蒿拌豆腐

食材：野茼蒿嫩茎叶或嫩苗、豆腐、蒜。

做法：采摘野茼蒿嫩茎叶或嫩苗，清水洗净，放沸水中焯过，切小段备用；豆腐切成小方块，在沸水锅中焯一下水去除豆腥味；蒜拍散剁成蒜泥，加入酱油、醋、白糖、鸡精、味精、香油、花椒油、油辣子调成味汁；把豆腐和野茼蒿放入一个大碗里，倒入调好的味汁拌匀即可。

●学名●
Emilia sonchifolia Benth.

一点红

别名： 红背叶、叶下红、红背菜、红背草、红背果、红背蓬、红头草、花古帽、牛奶奶、仁背叶、散血丹、小蒲公英、野芥蓝、紫背草、紫背叶、大号红背子、红背仔、红背紫丁、红紫背菜

科属： 菊科一点红属

一、形态特征

一年生或多年生草本，根垂直。茎直立或斜升，高 25~40 厘米，稍弯，通常自基部分枝，灰绿色，无毛或被疏短毛。叶质较厚，下部叶密集，大头羽状分裂，顶生裂片大，宽卵状三角形，顶端钝或近圆形，具不规则的齿，侧生裂片通常 1 对，长圆形或长圆状披针形，顶端钝或尖，具波状齿，上面深绿色，下面常变紫色，两面被短卷毛；中部茎叶疏生，较小，卵状披针形或长圆状披针形，无柄，基部箭状抱茎，顶端急尖，全缘或有不规则细齿；上部叶少数，线形。头状花序，在开花前下垂，花后直立，通常 2~5 朵，在枝端排列成疏伞房状；花序梗细，无苞片，总苞圆柱形，基部无小苞片；总苞片 1 层，长圆状线形或线形，黄绿色，约与小花等长，顶端渐尖，边缘窄膜质，背面无毛。小花粉红色或紫色，管部细长，檐部渐扩大，具 5 深裂瘦果圆柱形，具 5 棱，肋间被微毛；冠毛丰富，白色，细软。花果期 7~10 月。

二、生境分布

生于山坡荒地、田埂、路旁。分布于云南、四川、湖北、湖南、江苏、浙江、安徽、广东、海南、广西、福建、台湾、江西等地。

三、栽培技术

1. 整地

虽然一点红对土壤的要求不高，但为了培育壮苗，应选用地势平坦、土层深厚、通气性良好、保水保肥、疏松的沙质壤土为宜，施足基肥，可施腐熟有机肥 2000 千克 / 亩，播种前疏松土地，开沟起垄，垄面宽 1.5 米。

2. 播种

选用新鲜、饱满的一点红种子。播种前先把地整细、整实、整平，浇透水，待土略干后进行撒播。每亩用种 500 克，播后盖上一层薄薄的细沙土，防止有风时把种子吹走。盖土不宜太厚，否则影响出苗率。育苗期间注意多淋水，保持土壤湿润。

3. 定植

选择排水良好的沙壤土进行定植，施足基肥，施腐熟有机肥 2000 千克 / 亩、46% 尿素 150 千克 / 亩和复合肥 45 千克 / 亩作底肥。移苗前 2 小时，将小苗浇透起苗水，起苗时尽量多带些土。定植的株行距为 15 厘米 × 20 厘米，淋足定根水。直播的分 2~3 次间苗，定苗株行距与定植的相同。

4. 田间管理

一点红定植后 25 天左右方可采摘，此期间要注意防止杂草生长和土壤板结。注意经常松土，加强淋水，保持土壤湿润。发现开花及时摘除。每采收 1 次追肥 1 次，亩施尿素 5~10 千克，用水淋施，促进新梢发生，提高产量。遇到雨水天气应及时排放积水，以免影响生长。

5. 病虫防治

一点红原是野生品种，生命力强，适应性广，有较强的抗病虫害能力，在人工栽培的条件下也可少用或不用农药，是生产无公害蔬菜理想的种类。一般为害较多的虫害只有蚜虫，一旦发现，用吡虫啉喷雾即可。

6. 采收

一点红植株 5~6 叶时可采摘嫩梢作菜，采摘时留下基部腋芽发梢，新梢具

4~5 叶时又可采摘，管理好的 4~5 天即可采摘 1 次。及时采收可提高产量，过老采收则纤维增加，品质降低。在广东、广西可全年生长，不断采摘嫩梢上市。也可作为药用采收，作为药用采收 1 年只采收 1 次。

四、应用价值

1. 药用价值

全草入药。全年均可采，洗净，鲜用或晒干。性凉，味苦。有清热解毒、散瘀消肿之功效，用于上呼吸道感染、口腔溃疡、肺炎、乳腺炎、肠炎、菌痢、尿路感染、疮疖痈肿、湿疹、跌打损伤。

2. 营养价值

一点红是一种营养价值极高的野生蔬菜，含有丰富维生素 C、维生素 A、植物蛋白、氨基酸、膳食纤维、果胶、钙、镁、钾等人体所需的营养元素。

五、膳食方法

一点红的嫩茎叶可以凉拌、清炒，也可作汤或火锅用菜，口感清爽，有类似茼蒿的香味。

1. 爆炒一点红

食材：一点红嫩茎叶、蒜、小米辣。

做法：采摘一点红嫩茎叶，用清水洗净，沥干；热锅下油，先放蒜、小米辣进去爆香，再将一点红下锅，加适量的盐，大火翻炒 2 分钟左右，然后加少许味精翻炒均匀即可。

2. 凉拌一点红

食材：一点红嫩茎叶、蒜。

做法：采摘一点红嫩茎叶，清水洗净后用沸水焯烫一下，除去它的苦涩味，沥干；加入适量的生抽、麻油、蒜泥，以及香醋与食用盐等调味料，拌匀即可。

3. 五花肉炒一点红

食材：一点红嫩茎叶、五花肉、葱、姜。

做法：一点红清洗干净，把五花肉切成片状。在锅中放适量食用油，将五花肉入锅煸炒，炒到肉片透明，再加入适量葱、姜，并把一点红入锅翻炒，炒熟以后加食用盐和味精调味，调匀以后出锅即可。

●学名●
Taraxacum mongolicum Hand.-Mazz.

蒲公英

别名： 地丁、凫公英、公英、姑姑丁、姑姑英、古古丁、黄狗头、黄花菜、黄花草、黄花地丁、黄花郎、黄花郎子、黄花苗、黄花三七、黄化郎、黄黄苗、井岗岗、金簪草、癫痫头

科属： 菊科蒲公英属

一、形态特征

多年生草本。根略呈圆锥状，弯曲，表面棕褐色，皱缩，根头部有棕色或黄白色的毛茸。叶成倒卵状披针形、倒披针形或长圆状披针形，先端钝或急尖，边缘有时具波状齿或羽状深裂，有时倒向羽状深裂或大头羽状深裂，顶端裂片较大，三角形或三角状戟形，全缘或具齿，每侧裂片3~5片，裂片三角形或三角状披针形，通常具齿，平展或倒向，裂片间常夹生小齿，基部渐狭成叶柄，叶柄及主脉常带红紫色，疏被蛛丝状白色柔毛或几无毛。花葶1至数个，与叶等长或稍长，上部紫红色，密被蛛丝状白色长柔毛；头状花序；总苞钟状，淡绿色；总苞片2~3层，外层总苞片卵状披针形或披针形，边缘宽膜质，基部淡绿色，上部紫红色，先端增厚或具小到中等的角状突起；内层总苞片线状披针形，先端紫红色，具小角状突起；舌状花黄色，边缘花舌片背面具紫红色条纹，花药和柱头暗绿色。瘦果倒卵状披针形，暗褐色，上部具小刺，下部具成行排列的小瘤，顶端逐渐收缩为圆锥至圆柱形喙基，纤细；冠毛白色。花期4~9月，果期5~10月。

二、生境分布

广泛生于中低海拔地区的山坡草地、路边、田野、河滩。全国各地均有分布。

三、栽培技术

1. 整地

蒲公英生长能力强，对土壤要求不高，一般土地均可生长，喜疏松肥沃、排水好的沙壤土。种植时将有机肥、磷肥、钾肥混合后均匀地撒铺在地面，深翻 20~25 厘米，整平地面。

2. 育苗

蒲公英种子没有休眠期，5 月末采收的种子可直接播种，从播种到出苗需 10~15 天。播种不受季节限制，春、夏、秋、冬都可种植，冬季可在温室做反季生产。

露地播种采用条播，按行距 25 厘米开 1 厘米深的浅沟，将种子均匀撒入，播种后耙平土面。每公顷用种量为 7.5 千克，播种后覆盖草或松针保湿，干旱时要及时浇水。

3. 田间管理

播种当年的田间管理：出苗前，保持土壤湿润。如果出苗前土壤干旱，可在播种畦的畦面先稀疏散盖一些麦秸或茅草；然后轻浇水，待苗出齐后扒去盖草；出苗后应适当控制水分，使幼苗苗壮生长，防止徒长和倒伏；在叶片迅速生长期，要保持田间湿润，以促进叶片旺盛生长；入冬前浇透水 1 次，然后覆盖马粪或麦秸等，利于越冬。

中耕除草：当蒲公英出苗 10 天左右可进行第一次中耕除草，以后每 10 天左右中耕除草 1 次，直到封垄为止；做到田间无杂草。封垄后可人工拔草。

间苗、定苗：结合中耕除草进行间苗定苗。出苗 10 天左右进行间苗，株距 3~5 厘米，经 20~30 天即可进行定苗，株距 8~10 厘米，撒播者株距 5 厘米即可。

肥水管理：蒲公英抗病抗虫能力很强，一般不需进行病虫害防治，田间管理的重点主要是肥和水。蒲公英虽然对土壤条件要求不严格，但是它还是喜欢肥沃、湿润、疏松、有机质含量高的土壤。所以，在种植蒲公英时，每亩施2000~3500千克农家肥作底肥，每亩还须施17~20千克硝酸铵作种肥。播种后，如果土表没有覆盖，就应经常浇水，保持土壤湿润，以保证全苗。出苗后，也要始终保持土壤有适当的水分。

生长期间追1~2次肥。并经常浇水，保持土壤湿润，以保证全苗及出苗后生长所需。播种当年的幼嫩植株可以不采叶，等到第二年才开始采收，此时植株品质好，产量高。秋播者入冬后，在畦面上每亩撒施有机肥2500千克、过磷酸钙20千克，既起到施肥作用，又可以保护根系安全越冬。翌春返青后可结合浇水施用化肥（亩施46%尿素10~15千克、过磷酸钙8千克）。为提早上市，早春可采用小拱棚覆盖。秋末冬初，应浇透水1次，然后在畦面覆盖马粪或麦秸等，以利根株越冬和翌年春季较早萌发新株。

4. 病害防治

蒲公英主要病害有叶斑病、斑枯病、锈病等。防治方法：通风透气，减少高温高湿的环境；利用百菌清、多菌灵、三唑酮（粉锈宁）等杀菌剂进行防治。

蚜虫防治方法：利用蚜虫的天敌，如瓢虫、蚜狮、寄生蜂、食蚜蝇等进行自由捕食蚜虫；也可用吡虫啉、毒死蜱等农药进行防治。

5. 收获

一年生蒲公英播种当年不采叶，秋季收获全株，根叶分开晾晒。生长2年以上的蒲公英，每年可采嫩叶食用至夏秋季节，植株开花前取全草，晒干入药。

四、应用价值

1. 药用价值

全草入药。晚秋采挖带根的全草，抖净泥土晒干即可。性寒，味甘，微苦。有利尿、缓泻、退黄疸、利胆之功效，用于清热解毒、消肿散结、利尿通淋。

2. 营养价值

蒲公英含有蒲公英醇、蒲公英素、胆碱、有机酸、菊糖、蛋白质、脂肪、碳水化合物、微量元素及维生素等成分。

五、膳食方法

采食蒲公英的嫩茎叶，可以生吃、炒吃、做汤，肥嫩爽口。

1. 凉拌蒲公英

食材：蒲公英、大蒜、花椒、干辣椒。

做法：蒲公英摘洗干净，去掉老叶和老梗；锅里水煮沸，将蒲公英放进锅里焯烫几分钟，捞出沥干水分；大蒜剁碎放在蒲公英上；锅里倒油，将花椒和干辣椒放进去小火煸出香味；捞起花椒和干辣椒，将油泼在蒜粒与蒲公英上；再倒上适量的醋、生抽，放上盐和味精拌匀即可。

2. 蒜泥蒲公英

食材：蒲公英、大蒜。

做法：新鲜蒲公英拣去杂物，清洗干净；锅中放水烧开，放入蒲公英焯水1分钟，捞出过凉水沥干；蒲公英切碎，蒜切末；锅中放油，放入蒜末爆香；下入蒲公英翻炒均匀，加入适量盐、料酒、鸡精调味。

3. 蒲公英饺子

食材：蒲公英、猪肉、饺子皮。

做法：猪肉洗净之后切成丁，然后剁碎；蒲公英洗净，用热水焯一遍，切碎。把蒲公英与猪肉末搅拌均匀，馅料里放进花生油、食醋、味精、食盐等，再次搅拌均匀。把适量的馅料包进饺子皮里，冷水下锅，煮沸一次，加一次冷水，再次煮沸即可。

●学名●
Artemisia selengensis Turcz. ex Besser

蒌蒿

别名：芦蒿、水蒿、白蒿、尖叶蒿、柳蒿、柳叶蒿、闾蒿、狭叶艾、大杆蒿、二叉蒿、红艾、红陈艾、火绒蒿、菜柳蒿芽、木尔树、狭叶蒿、野蒿、藜蒿、黎蒿

科属：菊科蒿属

一、形态特征

多年生草本，植株具清香气味。主根不明显或稍明显，具多数侧根与纤维状须根；根状茎稍粗，直立或斜向上，有匍匐地下茎。茎少数或单，高60~150厘米，初时绿褐色，后为紫红色，无毛，有明显纵棱，下部通常半木质化，上部有着生头状花序的分枝。叶纸质或薄纸质，上面绿色，无毛或近无毛，背面密被灰白色蛛丝状平贴的绵毛；茎下部叶宽卵形或卵形，近成掌状或指状。头状花序多数，长圆形或宽卵形，近无梗，直立或稍倾斜，在分枝上排成密穗状花序，并在茎上组成狭而伸长的圆锥花序；总苞片3~4层；花序托小，凸起；雌花8~12朵；两性花10~15朵，花冠管状，花药线形，花柱与花冠近等长。瘦果卵形，略扁，上端偶有不对称的花冠着生面。花果期7~10月。

二、生境分布

生长在低海拔地区的河湖岸边与沼泽地带，也见于湿润的疏林中、山坡、路旁、荒地等。分布于黑龙江、吉林、辽宁、内蒙古、河北、山西、陕西、甘肃、山东、江苏、安徽、江西、河南、湖北、湖南、广东、四川、云南及贵州等地，有驯化栽培。

三、栽培技术

1. 整地

蒌蒿喜温暖，耐湿耐肥，不耐旱。选择土质疏松、肥厚的壤土或沙壤土进

行种植。以腐熟有机肥 1000~1500 千克 / 亩为基肥，并深翻土壤 20 厘米以上，打碎混均耙平。起平畦，畦高 20 厘米，畦宽 70 厘米。

2. 定植

以分株繁殖为主，一般在 3 月下旬进行。将去年的蒌蒿连根挖起，割去顶端，再进行移栽。行株距为 45 厘米 ×40 厘米，每穴应移栽两株，在移栽时一定要浇足定根水，用以提高成活率。

3. 田间管理

水肥管理：移栽后 1 周，每隔 1 天浇水 1 次，确保成活。以后每隔 1 周浇 1 次，在追肥时更要浇透水。

栽植成活 20 天后，应进行第一次追肥，此次追肥应追施优质有机肥，一般每株追施 0.4 千克。第二次追肥应在七八月份时进行，此次追肥可采用复合肥，原则上每株可追施复合肥 0.2 千克。第三次追肥一般在 10 月份进行，此次追肥应采用厩肥，因为厩肥不但有持久的肥效，而且还可以起到冬季根系保温的作用，所以应优选厩肥。但不管哪次追肥，都应在距蒌蒿植株 10 厘米处挖 5 厘米深的浅穴，切不可挖穴太深和距离植株太近，以免灼伤根系。

中耕锄草：第一次中耕应在移栽 10 天左右进行；第二次中耕应在 5 月下旬进行；第三次中耕应在 7 月上旬时进行。第一次和第二次中耕一定要浅，以免伤及蒌蒿的根部；第三次中耕可适当深一些。除草应随时进行，只要发现田间有杂草出现，应及时拔除，以免杂草与蒌蒿争夺养分和水分。

4. 病虫害防治

蒌蒿的主要病害有叶斑病、叶枯病、白粉病等；主要虫害有蚜虫、虫瘿、玉米螟、棉铃虫、刺蛾等。

病害防治方法：通风透气，减少高温高湿的环境；利用百菌清、多菌灵、三唑酮（粉锈宁）等杀菌剂进行防治。

虫害防治方法：利用蚜虫的天敌，如瓢虫、蚜狮、寄生蜂、食蚜蝇等进行自由捕食蚜虫；也可用吡虫啉、毒死蜱等农药进行防治。

5. 采收

蒌蒿株高达 20 厘米左右即可进行采收，此时鲜嫩，口感最佳。

四、应用价值

1.药用价值

全草入药。夏秋采收，晒干。性温，味苦、辛。有利膈开胃、行水之功效，用于胃气虚弱、纳呆、浮肿、急性传染性肝炎。

2.营养价值

蒌蒿的嫩茎叶含蛋白质、脂肪、碳水化合物、胡萝卜素、维生素，还含有硒、锌、铁等多种矿物质。

五、膳食方法

采食蒌蒿的嫩茎，清香鲜美，脆嫩可口，营养丰富，风味独特。

1.蒌蒿炒豆干

食材：蒌蒿、豆干、红椒。

做法：将蒌蒿用清水洗净后切成寸段，豆干切成长条。炒锅加入食用油，油热之后先放豆干，翻炒片刻后加入蒌蒿段，一同翻炒，待蒌蒿的颜色变绿至熟，下红椒碎，加入适量的盐，混合均匀，即可。

2.清炒蒌蒿

食材：蒌蒿、辣椒、大葱、姜。

做法：将蒌蒿洗净切段，红辣椒切丝，葱、姜切末。烧锅下油，放入姜末、葱末炒香，然后加入蒌蒿段、红辣椒丝、盐翻炒，滴白醋、植物油，放入鸡精翻炒均匀即可。

3.蒌蒿炒腊肉

食材：蒌蒿、腊肉、蒜、干辣椒。

做法：蒜切粒，干红椒切段，蒌蒿切寸段，腊肉切小细条。锅入少油，入腊肉炒香，稍稍煸出腊肉的部分油脂，将腊肉丝推在锅边，加入干红椒和蒜粒炒香，再加入蒌蒿段和盐，中大火翻炒 2~3 分钟即可。

4.蒌蒿炒黄豆芽

食材：蒌蒿、黄豆芽。

做法：茼蒿洗净，去叶子，把茎切成约3厘米长度的段备用。黄豆芽摘去根部洗净备用，油锅烧热，倒入备用的黄豆芽炒至约断生，再倒入茼蒿继续翻炒，一直到都断生放入盐、鸡精，即可起锅装盘。

●学名●
Youngia japonica (Linn.) DC.

黄鹌菜

别名：黄鹌草、黄花菜、黄花枝香草、空筒草、苦菜药、毛连连、毛莲菜、野芥菜、野荠菜、野青菜、菜头草、冲天黄、大号黄花仔、黄瓜菜、黄花地丁、软叶天葛菜、山菠薐

科属：菊科黄鹌菜属

一、形态特征

一年或二年生草本，高20~80厘米。须根肥嫩，白色。茎自基部抽出一至数枝，直立。基部叶丛生，倒披针形，提琴状羽裂，顶端裂片大，先端钝，边缘有不整齐的波状齿裂；茎生叶互生，稀少，通常1~2枚，少有3~5枚，叶片狭长，羽状深裂。头状花序小而多，排成聚伞状圆锥花丛；总苞片2层，外层苞片5枚，三角状或卵形，内层苞片约8枚，披针形；花冠黄色，边缘为舌状花，中心为管状花；瘦果纺锤形，压扁，褐色或红褐色，向顶端有收缩，顶端无喙，有11~13条粗细不等的纵肋，肋上有小刺毛。花果期4~10月。

二、生境分布

生于路边荒野。分布于江苏、安徽、浙江、福建、湖北、广东、四川、云南等地。

三、栽培技术

1. 整地

黄鹌菜对土壤适应性强，耐瘠薄和干旱，忌涝，在土层深厚、排水良好、肥沃的土壤中生长健壮。选择土质疏松、墒情良好、排水畅通、地势高、向阳、土层深厚、肥力中上的地块。每亩施以腐熟有机肥 1000~1500 千克为基肥，并用大型机械深翻土壤 25 厘米以上，打碎耙平。起平畦，畦高 15~20 厘米，畦宽 65 厘米。

2. 种植

春季或秋季均可种植。春播可选在 2 月下旬开始种植。秋季，白天温度不高于 30℃时，即可播种。可采用移苗，也可种子直播。

3. 田间管理

中耕除草：移栽 7 天后需要查苗补缺，以保证产量。中耕次数为 1~2 次 / 茬，降低土壤板结化，保证土壤墒情，尤其是雨水过后，土壤易发生板结，透气性差，出现根系发展受阻。若及时中耕可以保证水肥和养分，去除杂草，增加生长空间，预防病虫害。

肥水管理：移栽 7 天后，结合中耕苗肥，即每亩施 46% 尿素 2 千克 + 腐熟有机肥 600 千克。1 个月后，每亩施腐熟有机肥 800 千克 + 土杂肥 1500 千克 + 草木灰 100~120 千克。

4. 病虫害防治

霜霉病农业防治：与禾本科作物进行轮作，或播种前用 10% 盐水浸泡种子。

蚜虫化学防治：在苗期喷洒吡虫啉或毒死蜱等，每 8 天喷洒 1 次，连续防治 3 次。

蚜虫物理防治：用黄板诱杀蚜虫或铺设银灰色的薄膜。

5. 采收

作为蔬菜食用采摘嫩叶及幼苗，可以 1 个月左右开始采收。作为药用，等到黄鹌菜大面积开始现花时，开始采收。

四、应用价值

1. 药用价值

全草入药。春、秋采收，晒干。性凉，味甘微苦。有清热、解毒、消肿、止痛之功效，用于感冒、咽痛、乳腺炎、结膜炎、疮疖、尿路感染、风湿关节炎。

2. 营养价值

黄鹌菜含有较高的纤维素，还有胡萝卜素、碳水化合物、维生素及多种微量元素。

五、膳食方法

采食黄鹌菜的嫩叶及幼苗，以盐水浸一昼夜，除去苦味后，再行炒食或煮食，也可用沸水烫熟后，切段蘸调味料食用。

1. 黄鹌菜咸蛋瘦肉汤

食材：鲜黄鹌菜、胡萝卜、咸鸭蛋、猪瘦肉。

做法：先将鲜黄鹌菜清洗干净，放进沸水中稍焯，捞出用凉水冲洗干净；胡萝卜削皮，洗净，切丝；咸鸭蛋打破装在碗中，把蛋黄剪碎；猪瘦肉洗净，切薄片，用酱油、花生油、料酒、淀粉拌腌30分钟。然后，把备好的黄鹌菜、胡萝卜丝一齐置于锅内，加入适量清水，用大火煮沸5分钟，加入腌制好的猪瘦肉片、咸鸭蛋，继续煮沸10分钟，精盐、鸡精调味，即可。

2. 蒜末凉拌黄鹌菜

食材：鲜黄鹌菜、蒜。

做法：把黄鹌菜择洗干净，放开水里焯3~5分钟，捞出切成小段，放入生抽、食醋、食盐、蒜末等调料凉拌即可。

3. 黄鹌菜炒肉片

食材：鲜黄鹌菜、猪肉。

做法：把鲜嫩黄鹌菜清洗干净切成小短段，把猪肉切成肉片，热油锅放入蒜、姜爆香，再把肉片和黄鹌菜一起放入炒熟，调味即可。

●学名●
Hemisteptia lyrata (Bunge) Bunge

泥胡菜

别名: 猪兜菜、苦马菜、剪刀草、石灰菜、绒球、花苦荬菜、苦郎头

科属: 菊科泥胡菜属

一、形态特征

二年生草本,高 30~80 厘米。根圆锥形,肉质。茎直立,具纵沟纹,无毛或具白色蛛丝状毛。基生叶莲座状,具柄,倒披针形或倒披针状椭圆形,提琴状羽状分裂,顶裂片三角形,较大,有时 3 裂,侧裂片 7~8 对,长椭圆状披针形,下面被白色蛛丝状毛;中部叶椭圆形,无柄,羽状分裂;上部叶条状披针形至条形。头状花序多数,有长梗;总苞球形;总苞片 5~8 层,外层较短,卵形,中层椭圆形,内层条状披针形,各层总苞片背面先端下具 1 紫红色鸡冠状附片;花紫色。瘦果椭圆形,具 15 条纵肋;冠毛白色,2 列,羽毛状。花期 5~6 月。

二、生境分布

生于路旁、荒草丛中或水沟边。我国南北各地大都有分布。

三、栽培技术

1. 整地

泥胡菜栽培对土壤要求不高,作为生产用地,要求土层深厚、地势平坦、排灌方便、杂草较少的土地更有利于栽培。播种前应清除田间杂物,施腐熟的有机肥 1500 千克/亩,深翻整平耙细。整畦,因地而异,畦宽一般以 1 米为宜,畦高 20~30 厘米。

2. 播种

南方可在 3 月中旬开播,北方在 4~5 月方可露地播种,播种行距为 30 厘米,

覆土厚 1 厘米左右，每亩种子量 400 克左右。播后要浇足水，以便出苗。当幼苗长出 3~5 片真叶时及时进行间苗，株距 20~30 厘米。

3. 田间管理

中耕、施肥：当幼苗长出 3~5 片真叶时，及时进行间苗并清除杂草，并根据植株生长情况和天气状况给予追肥和浇水。灌溉的原则以幼苗期不干不湿为好，以防秧苗老化和徒长；发棵期适当控制水分，促使根部向深发展。莲座期后叶片生长快速，要保证有充足的水分；生长后期和采收前水分不能过多，以免导致软腐病和霜霉病的发生。

4. 病虫害防治

泥胡菜易发生的病害是软腐病、霜霉病和菌核病。防治方法：轮作倒茬；培育壮苗，提高抗逆性；使用充分腐熟的有机肥，科学配方施肥；合理密植，提高植株抗逆性；深沟高畦，严防积水，使菜田湿度不要过大，土壤干湿适中即可防止病害的发生；药物防治可以用 50% 的甲基硫菌灵（甲基托布津）600 倍液喷洒杀菌，每 7 天一次，连喷 2~3 次即可，采收前 10~15 天停止用药。

主要虫害是蚜虫。防治方法：采用喷灌进行灌溉，既可防止高温干旱导致蚜虫的发生，也可达到降温的目的。如有蚜虫发生，可用低毒高效农药一喷净喷洒杀灭，采收前 10~15 天停止用药。

5. 采收

间苗时即可采收一次嫩苗。一般播种后 45~60 天，叶片已充分长大，植株外观已丰满时整株采收，及时上市。

四、应用价值

1. 药用价值

全草入药。夏、秋季采集，洗净，鲜用或晒干。性寒，味辛、苦。有清热解毒、散结消肿之功效，用于痔漏、痈肿疔疮、乳痈、淋巴结炎、风疹瘙痒、外伤出血、骨折。

2. 营养价值

泥胡菜含有丰富的蛋白质、脂肪、碳水化合物、粗纤维、维生素 B_1、维生素 B$_2$、维生素 C 等。

五、膳食方法

采摘泥胡菜开花前的嫩叶食用。烹调时可以焯熟、洗净后凉拌，也可以炒食。

1. 泥胡菜炖猪排

食材：泥胡菜、猪排骨、豆腐。

做法：采摘新鲜泥胡菜，除去老叶和根，用清水洗净；猪排骨洗净切块，焯水。把备好的泥胡菜、猪排骨、豆腐一起炖 1 小时，调味即可。

2. 泥胡菜炒里脊肉

食材：泥胡菜的嫩茎叶、猪里脊肉。

做法：采摘新鲜泥胡菜的嫩茎叶，用清水洗净，焯水后切细；猪里脊肉切丝，两者一起下热油锅炒熟，调味即可。

3. 蒜末凉拌泥胡菜

食材：鲜泥胡菜、蒜。

做法：采摘新鲜泥胡菜的嫩茎叶，用清水洗净，放开水里焯 3~5 分钟，捞出切成小段，放入生抽、食醋、食盐、蒜末等调料凉拌即可。

泽泻科

●学名●
Alisma plantago-aquatica Linn.

泽泻

别名： 大花瓣泽泻、如意菜、水白菜、水慈菇、水泽、天鹅蛋、天秃、一枝花、川泽泻、大花泽泻、水泻、野茨菇、野慈姑

科属： 泽泻科泽泻属

一、形态特征

多年生水生或沼生草本。块茎直径 1~3.5 厘米，或更大。叶通常多数；沉水叶条形或披针形；挺水叶宽披针形、椭圆形至卵形，先端渐尖，稀急尖，基部宽楔形、浅心形，叶脉通常 5 条，叶柄基部渐宽，边缘膜质。花序具 3~8 轮分枝，每轮分枝 3~9 枚。花两性；外轮花被片广卵形，通常具 7 脉，边缘膜质，内轮花被片近圆形，远大于外轮，边缘具不规则粗齿，白色，粉红色或浅紫色；心皮 17~23 枚，排列整齐，花柱直立，长于心皮，柱头短，为花柱的 1/9~1/5；花药椭圆形，黄色，或淡绿色；花托平凸，近圆形。瘦果椭圆形，或近矩圆形，背部具 1~2 条不明显浅沟，下部平，果喙自腹侧伸出，喙基部凸起，膜质。种子紫褐色，具凸起。花果期 5~10 月。

二、生境分布

生于湖泊、河湾、溪流、水塘的浅水带，沼泽、沟渠及低洼湿地。分布于黑龙江、吉林、辽宁、内蒙古、河北、山西、陕西、新疆、云南、贵州、广东、甘肃、福建、四川、河南等地。

三、栽培技术

1. 育苗

泽泻宜采取育苗移栽种植，不宜直播。育苗田应选择排灌方便、背风向阳的浅水田，不宜选用冷烂田及保水保肥力差的沙土田等。放干水，施入有机肥

4500 千克 / 亩、钙镁磷肥 1500 千克 / 亩，翻耕 20 厘米入土作基肥，三犁三耙，整平作畦，畦宽 1 米，畦面略高于畦沟 10~15 厘米，待苗床表土稍干时播种。

　　播种期过早易发生抽薹开花，过迟生长期缩短，二者都会影响泽泻的品质与产量。南方一般于大暑，即 7 月下旬播种。播种量为每亩苗床约 800 克。播种后待畦面表层收水紧皮后及时覆水，一般以水面高出畦面 2~3 厘米为度。若遇雨天，则要先灌高层水，以防雨水把畦面细小的种苗打散。一般播后 3~4 天，种子即露白、发芽，发芽率通常在 80% 以上；15~20 天后，可长出 2 片子叶，叶色开始转绿，心叶开始长出。苗高 3~4 厘米时应及时间苗，同时结合人工拔草和施肥；去弱留强苗，株距不小于 3 厘米为宜。从播种到移栽通常要施 1~2 次肥，一般结合间苗追肥 1 次，每亩施钙镁磷肥或 46% 尿素 10~15 千克；移栽前再施 1 次送嫁肥，每亩撒施钙镁磷肥 40 千克。

2. 移栽定植

　　定植田宜选阳光充足、排灌方便、土层深厚肥沃的田块。前作以早中稻或莲田为好，忌连作。前作收获后，深耕土壤 30 厘米，随整地施入基肥，以有机肥为主，化学肥料为辅。农家肥应充分腐熟。一般施入有机肥 4500 千克 / 亩、三元复合肥 300 千克 / 亩为基肥，经犁耙至泥细田平，开好排水沟。

　　一般于 8 月下旬至白露前移栽定植，于阴天或午后移栽，选用苗身粗壮，苗高 7~12 厘米，无病斑，无虫蛀，心芽完整，展开真叶保持 5 片以上的优质种苗，随起随栽，株行距 33~35 厘米，每 5~8 行留 1 条宽约 40 厘米的作业沟。栽植时要做到浅栽、栽直、栽稳。

3. 田间管理

　　扶苗补苗：定植后常检查，发现被风吹水浮倒状的幼苗，应及时扶正、重栽或补苗，确保全苗。

　　中耕追肥：泽泻生长期一般要耕田、除草和追肥 3~4 次，三者结合进行。一般植株生长盛期、块茎部迅速增重期追肥，不得使用壮根灵、膨大素等生长调节剂用于增大泽泻块茎。定植后 15 天左右耕田追肥，可选用碳酸氢铵、钙镁磷肥各 200 千克 / 亩混匀施用，或三元复合肥 500 千克 / 亩，田间排干水后穴施于距幼苗根系 2~3 厘米处；定植后 25 天左右，结合中耕锄草第二次追肥，撒施碳酸氢铵、钙镁磷复合肥各 200 千克 / 亩、混合复合肥 300 千克 / 亩；定植后 45 天左右，撒施三元复合肥 750 千克 / 亩；立冬后追施碳酸氢铵或 46% 尿素 150 千克 / 亩。定植 70 天以后一般不宜再施肥。

灌溉排水：移栽后至 10 月上旬，畦面保持干湿交替，晚上覆水 3~4 厘米，白天排干；10 月中旬至 11 月初，畦面保持 3~4 厘米浅水。11 月中旬后逐渐排水至畦面现泥，12 月初排干。

抹芽摘薹：结合中耕除草和施肥进行抹芽摘花薹。第 2 次耕田除草后，泽泻陆续萌发侧芽、抽花薹，除有意留种外，其余及时抹除侧芽摘除花薹，应从基部折断不留残基。

4. 病虫害及其防治

泽泻常见病害有白斑病，虫害主要有银纹夜蛾。病虫害防治要坚持"预防为主、综合防治"的原则。

白斑病防治方法：①选用抗（耐）病良种。实行健株留种，培育无病壮苗。②清园。收获后及时清除病残枝叶和田间杂草，集中烧毁，净化田园，减少越冬菌源。③健身栽培。优化管理定植时剔除病苗，施足底肥，氮、磷、钾合理搭配，增施钾肥，增强抗性。注意合理密植，增加通风透光度，降湿防病。④施药防控。发病初期菌毒清 1000 倍液喷施，间隔 7 天左右施药 1 次，一般施药 2 次效果较好。

银纹夜蛾防治方法：①清园。冬季清洁田园，铲除杂草，以消灭大量越冬蛹，降低翌年虫口基数。②诱杀成虫。成虫期设置黑光灯诱杀，也可用甘薯、豆饼等发酵液加少量敌百虫诱杀。③捕捉幼虫。3 龄前多群集叶背为害，可进行人工捕杀。

5. 采收

中药材适宜采收期的确定需要在有效成分含量高峰期与产量高峰期基本一致时，共同的高峰期即为适宜采收期。当年 12 月下旬至翌年 1 月上旬，大部分泽泻植株叶片变黄枯萎时，用手剥去枯茎萎叶，再用专用采挖刀沿地下球茎边缘须根处环割完整挖出球茎，割去多余叶茎，顶部留下中间 2~3 片小叶，置箩篓容器中。采挖过程避免破伤球茎，注意防止冻害。

四、应用价值

1. 药用价值

干燥块茎入药。冬季茎叶开始枯萎时采挖，洗净，干燥，除去须根和粗皮。性寒，味甘、淡。有利水渗湿、泄热、化浊降脂之功效，用于小便不利、水肿胀满、泄泻尿少、痰饮眩晕、热淋涩痛、高脂血症。

2. 营养价值

泽泻含有胆碱、蛋白质、粗纤维、氨基酸、碳水化合物及钙、钾、镁等元素。

五、膳食方法

采摘泽泻花及鲜块茎食用，可以清炒、煲汤、煲粥，如泽泻煲猪骨、泽泻鲫鱼汤、泽泻粥等。

1. 扁豆薏米猪苓泽泻煲猪骨

食材：泽泻、扁豆、薏米、猪苓、红枣、猪骨、生姜。

做法：各物分别洗净，药材浸泡，红枣去核，猪骨敲裂。一起下瓦煲，加清水，武火滚沸后改文火煲约 2 小时，下盐便可。

2. 泽泻薏苡仁瘦肉汤

食材：泽泻、猪瘦肉、薏苡仁。

做法：猪瘦肉洗净，切件；泽泻、薏苡仁洗净。把全部用料放入锅内，加清水适量，武火煮沸后，文火煮 1 小时，调味即可。

3. 泽泻番鸭汤

食材：鲜泽泻、党参、淮山、番鸭。

做法：把泽泻和淮山洗净去皮，番鸭处理干净，去内脏，整只不切，把所有的食材一起炖，先大火，水开后转小火继续炖 1 小时，调味即可。

●学名●
Sagittaria sagittifolia var. *longiloba* Turcz.

野慈菇

别名： 矮慈姑、白地栗、长瓣慈姑、茨姑、茨菰、慈姑、大耳夹子草、华夏慈姑、三叶慈姑、水慈姑、狭叶慈姑、狭叶慈菇、鸭舌草、鸭舌片、鸭舌头、水慈菇、水萍、燕尾草、野蕊姑

科属： 泽泻科慈菇属

一、形态特征

多年生水生或沼生草本。根状茎横走，较粗壮，末端膨大或否。挺水叶箭形，叶片长短、宽窄变异很大，通常顶裂片短于侧裂片，有时侧裂片更长，顶裂片与侧裂片之间缢缩，或否；叶柄基部渐宽，鞘状，边缘膜质，具横脉，或不明显。花葶直立，挺水，通常粗壮。花序总状或圆锥状，有时更长，具分枝 1~2 枚，具花多轮，每轮 2~3 花；苞片 3 枚，基部多少合生，先端尖。花单性；花被片反折，外轮花被片椭圆形或广卵形；内轮花被片白色或淡黄色，基部收缩，雌花通常 1~3 轮，花梗短粗，心皮多数，两侧压扁，花柱自腹侧斜上；雄花多轮，花梗斜举，雄蕊多数，花药黄色，花丝长短不一，通常外轮短，向里渐长。瘦果两侧压扁，倒卵形，具翅，背翅多少不整齐；果喙短，自腹侧斜上。种子褐色。花果期 5~10 月。

二、生境分布

生于湖泊、池塘、沼泽、沟渠、水田等水域。产于东北、华北、西北、华东、华南、四川、贵州、云南等地，除西藏等少数地区未见到标本外，几乎全国各地均有分布。

三、栽培技术

1.选地

野慈菇有很强的适应性，在陆地上各种水面的浅水区均能生长，但要求光

照充足、气候温和、较背风的环境下生长，要求土壤肥沃，但土层不太深的黏土上生长。

2. 育苗

为了促进野慈菇早出芽，育苗前可先进行催芽。催芽的方法是将留种用的顶芽用芦席或草包围好，上面覆盖湿草，干燥时洒些温水，保持在15℃以上和一定的湿度，经10~15天出芽后，再进行露地育苗。如栽植较晚，气温已达15℃以上时，可不经催芽而直接育苗。清明前后插秧，以株、行距各8厘米为宜。栽插深度要求顶芽第三节位入土2厘米，以利生根，水深保持3厘米左右，以利提高土温，促进幼苗生长健壮。

3. 定植

野慈菇秧苗的定植要根据各地的气候条件，在谷雨或立夏定植。福建省野慈菇一般在立秋后至寒露前后约50天的时间内移栽，冬至前就可上市。早栽植早上市，定植后90天就可以采收。栽植时将根部插入土中10厘米左右，随即将根部泥土填平。植株的行距因品种而异，一般生长期长、发棵大的株、行距为40厘米见方，亩栽5000~6000株。

4. 田间管理

水肥管理：野慈菇整个生育期要保持浅水层，严防干旱。苗期要浅水勤灌，以提高土温。栽植后约1个月，可排水搁田，使根深扎；高温期间，夜间可灌水降温，植株大量抽生匍匐茎时，可适当排水搁田，保持土壤干干湿湿，促使大量抽生匍匐茎。后期维持浅水，保持球茎膨大的需要。野慈菇生长期，需肥量大。为了不断满足野慈菇生长发育对肥的要求，可在生长期间追肥2~3次。

除草：野慈菇栽植1个月至开始形成球茎止，需经常进行、除草。后期去老叶，以改善通风透光条件。最后一次除草、剥叶时，可结合进行培土，以保护根系和匍匐茎。

剥除老叶、病叶及花序枝：在霜降前野慈菇只适宜留健康的叶片4~5片，此期内开花分叶出的纤匍植株不能形成球茎，必须及时清除，以减少养分的消耗及降低田间密度，增加通透性，保证野慈菇正常生长。一般10~15天清除1次，剥除的老叶花序或纤匍茎株可作猪饲料或鱼饲料加以利用，同时确保田间清洁卫生，减少病虫害。霜降后或移栽后 45 天严禁人、畜、禽下田，防止踩断纤匍茎，造成产量下降，影响经济效益。

5. 病虫防治

钻心虫：野慈菇钻心虫是野慈菇田重要的钻蛀性害虫，属鳞翅目细卷蛾科害虫，主要以幼虫钻蛀叶柄群集取食为害，常将茎髓蛀食空，并产生大量粪便。受害叶柄表面出现黄斑，并有很多蛀孔与羽化孔，为害后期叶柄从中上部折断，叶片枯萎。

防治野慈菇钻心虫，施药适期为卵孵高峰期，可以用 48% 毒死蜱乳油 1000~2000 倍液，或 10% 虫螨腈乳油 2000 倍液，或 1.8% 阿维菌素乳油 1500 倍液喷雾，交替用药，每隔 7 天一次，连续防治 2 次。

黑粉病：又名疱疱病，是野慈菇的主要病害，分布较广，一般发病率 20%~40%，重病田病株率在 60% 以上，严重影响野慈菇产量和品质，常造成 10%~20% 减产，重病田可减产 50% 以上。

野慈菇发生黑粉病后，应在发病初期及时喷药防治，可以选用 50% 多菌灵超微可湿性粉剂 500 倍液，或 10% 苯醚甲环唑水分散粒剂 8000 倍液，10~15 天一次，连续防治 2~4 次。

6. 采收

采收时间因地区不同而异。主要都是在 11 月至翌年 3 月采收，根据当地市场行情随时采收，提高经济效益。

四、应用价值

1. 药用价值

球茎及全草入药。秋季采集，洗净晒干。性甘、味苦，凉。有清热止血、解毒消肿、散结之功效，常用于咯血、吐血、难产、产后胞衣不下、崩漏带下、尿路结石、小儿丹毒，外用治痈肿疮毒、毒蛇咬伤。

2. 营养价值

野慈菇含淀粉、蛋白质、脂肪及维生素 B 族、维生素 C、胆碱、甜菜碱等。

五、膳食方法

野慈菇肉微黄白色，质细腻、酥软，味微苦。可炒、可烩、可煮，烧肉别具风味。野慈菇的嫩笋茎也可以食用。

1. 凉拌野慈菇笋

食材：新鲜野慈菇笋、蒜、小米椒。

做法：将新鲜野慈菇笋清洗干净，焯水，摆盘；蒜瓣切碎。加切细小米椒、香油、酱油、盐、味精，制成蒜汁淋在野慈菇笋上，最后浇上热油即可。

2. 野慈菇炒肉片

食材：新鲜野慈菇、猪肉。

做法：将新鲜野慈菇清洗干净，去皮切片；猪肉处理好，切片。热油中放入蒜、姜丝炒香，加入野慈菇、肉片一起翻炒至熟，点入调味料，即可装盘。

3. 野慈菇鸡汤

食材：新鲜野慈菇、鸡、生姜。

做法：将鸡处理干净，去内脏，留整只；把新鲜野慈菇清洗干净，去皮切片。把鸡、野慈菇片、生姜片一起放入煲锅中，加入适量清水，开大火烧开，小火煲 1 小时，加点调味料即可。

禾本科

●学名●
Coix lacryma-jobi Linn.

薏苡

别名： 野薏米、野薏苡、野珠珠、苡米、苡仁、薏米、薏仁、薏仁米、薏苡米、薏苡仁、薏珠子、玉秫、玉珠珠、珠珠米、六谷米、数珠果、素珠果、野玉谷子、苡薏、益米、裕米

科属： 禾本科薏苡属

一、形态特征

一年生粗壮草本，须根黄白色，海绵质。秆直立丛生，高 1~2 米，具 10 多节，节多分枝。叶鞘短于其节间，无毛；叶舌干膜质；叶片扁平宽大，开展，基部圆形或近心形，中脉粗厚，在下面隆起，边缘粗糙，通常无毛。总状花序腋生成束，直立或下垂，具长梗。雌小穗位于花序之下部，外面包以骨质念珠状之总苞，总苞卵圆形，珐琅质，坚硬，有光泽；第一颖卵圆形，顶端渐尖呈喙状，具 10 余脉，包围着第二颖及第一外稃；第二外稃短于颖，具 3 脉，第二内稃较小；雄蕊常退化；雌蕊具细长之柱头，从总苞之顶端伸出；颖果小，含淀粉少，常不饱满。雄小穗 2~3 对，着生于总状花序上部；无柄雄小穗，第一颖草质，边缘内折成脊，有不等宽之翼，顶端钝，具多数脉，第二颖舟形；外稃与内稃膜质；第一及第二小花常具雄蕊 3 枚，花药橘黄色；有柄雄小穗与无柄者相似，或较小而呈不同程度的退化。花果期 6~12 月。

二、生境分布

多生长于湿润的屋旁、池塘、河沟、山谷、溪涧或易受涝的农田等地方。分布于辽宁、河北、河南、陕西、江苏、安徽、浙江、江西、湖北、福建、台湾、广东、广西、四川、云南等地。

三、栽培技术

1. 整地

薏苡的适应性较强，对土壤要求不严格，栽培的土壤以肥沃、黏质壤土最为佳，干旱瘠薄的沙土保水、保肥力差，不利于生长。薏苡对盐碱地、沼泽地的盐害和潮湿有较强的耐受性，故也可在河道和灌渠两侧等地种植，但需特别注意不能连作，连作则生长不良，易患病害，前茬以豆科、棉花、薯类为宜。播种前应对播种地深耕细靶，耕深 20~30 厘米，每亩施入土杂肥 2000~3000 千克（如果无土杂肥种植时需添加复合肥料以增加肥力），施过磷酸钙 60 千克，施肥后充分靶均，保持播地平整。

2. 育苗

为了促进种子萌发和预防黑穗病的发生，在播种前种子必须进行温水浸种或开水烫种。用 60℃温水浸种 30 分钟，或者是将种子装入箩筐内，先用冷水浸泡 12 小时，再转入沸水中烫 8~10 秒，立即取出摊晾散热，晾干后下种；也可用 50% 多菌灵可湿性粉剂或波尔多液按 1∶400 的比例兑入清水，将种子倒入溶液中用木棍搅拌 3 分钟，然后再浸泡 3~5 小时，之后捞出种子并将其控干后下种。播种后要浇足底水，以保证出苗。一般采用直播，行距 30 厘米左右，播深 5~6 厘米，每亩用种量 5 千克左右。如点播，按行距 40 厘米、株距 30 厘米挖穴，每穴播入种子 3~5 粒，覆盖细肥土，保持土壤湿润，约半个月出苗。

3. 田间管理

间苗、补苗：苗期一般为 1.5 个月左右，这一期间的管控工作不能忽视，要注意及时间苗，除去过密、瘦弱和有病虫的幼苗，选留健壮的苗子。薏苡须根多，深扎土层，所以间苗动作要轻要稳，不要连带其他苗子。还要及时对缺苗断垄的进行补苗，即从间苗中选择出生长健壮的幼苗捎带土进行补栽，栽植后要浇足定根水，保证成活。

中耕除草：薏苡的幼苗阶段杂草滋生，土壤易板结，如果田间杂草过多就会影响幼苗的生长和发育，所以要经常保持田间无草和土壤疏松，中耕除草一般进行 3 次，每次均需浅锄，勿伤根。

培土：用铁锹对薏苡的根茎部进行培土，这是促根壮株、防止倒伏的重要措施。培土时，将行中间的土铲起堆到薏苡的根部，一般培土高度为10厘米左右，行中间形成浅沟，还利于蓄水灌溉。

追肥：为了提升薏苡的食用质量，降低产品内的有害化学成分，在生长期一般不施用化学肥料，而以人畜粪水为主，注意人畜粪水要经一段时间的发酵熟腐后才可使用，将粪水均匀浇在薏苡的根部。

灌水：薏苡喜水，但也不是水分越多越好，掌握好浇水的时期，也是保证薏苡良好生长的关键。到了开花结果期，薏苡最怕干旱，如果土壤水分不足，不但结果少并且果实空壳多，籽粒也不饱满，但到了薏苡采收前的半个月左右，要停止浇水以便于采收。

4. 病虫害防治

叶枯病：发病初期用百菌清、多菌灵等进行喷施。

黑穗病：播前种子必须消毒处理，生长过程中发现病株拔除销毁。

玉米螟：发现后及时喷洒农药防治，可用吡虫啉、毒死蜱喷杀。

5. 采收

薏苡当年即可收获，于秋季9~10月，当植株下部叶片转黄时有80%果粒成熟变黑褐色时割下打捆，然后堆放3~5天，可使未成熟粒后熟，然后用打谷机脱粒、晒干、除去杂质空壳。大面积种植可以采用联合收割机作业，提高采收效率。一般亩产为300~400千克，高产可达500千克。

四、应用价值

1. 药用价值

干燥成熟种仁入药。性凉，味甘、淡。有利水渗湿、健脾止泻、除痹、排脓、解毒散结之功效，用于水肿、脚气、小便不利、脾虚泄泻、湿痹拘挛、肺痈、肠痈。

2. 营养价值

薏苡含有优质蛋白质、碳水化合物、脂肪、矿质元素和维生素，以及丰富的多糖、脂肪酸及其酯类化合物、黄酮类化合物、三萜类化合物等多种活性成分。

五、膳食方法

薏苡是一种很好的保健食材，可以做成薏苡粥、薏苡冬瓜猪肉汤、薏苡八宝粥、薏苡赤小豆鲫鱼汤、薏苡车前草饮等。

1. 薏苡粥

食材：薏苡、大米、冰糖。

做法：将薏苡和糯米洗净，一起放入砂锅中，加清水适量，用文火煎煮成粥，加入冰糖再煮片刻即可。

2. 薏苡冬瓜猪肉汤

食材：薏苡、冬瓜、猪瘦肉。

做法：冬瓜去皮，切片；猪瘦肉切片，与薏苡、冬瓜一同放入砂锅内，加水适量，煮汤，汤成后加油、盐、味精调味。

3. 薏苡赤小豆鲫鱼汤

食材：薏苡、赤小豆、陈皮、生姜、鲫鱼。

做法：鲫鱼去鳞及肠肚，洗净，入油锅煎熟备用；薏苡、赤小豆、陈皮、生姜洗净，与鲫鱼一同放入砂锅，加适量清水，大火煮沸，小火熬煮 1~1.5 小时，加入适量料酒，煮沸片刻后即可。

●学名●
Imperata cylindrica (L.) Raeusch.

白茅

别名： 茅针、茅根、白茅根、黄茅、尖刀草、兰根、毛根、茅草、茅茅根、茅针花、丝毛草、丝茅草、丝茅根、甜根、甜根草、乌毛根、白花茅根、白尖草、白茅菅、白柔根、丛茅草根

科属： 禾本科白茅属

一、形态特征

多年生草本，具粗壮的长根状茎。秆直立，高 30~80 厘米，具 1~3 节，节无

毛。叶鞘聚集于秆基，甚长于其节间，质地较厚，老后破碎呈纤维状；叶舌膜质，紧贴其背部或鞘口具柔毛，分蘖叶片扁平，质地较薄；秆生叶片窄线形，通常内卷，顶端渐尖呈刺状，下部渐窄，或具柄，质硬，被有白粉，基部上面具柔毛。圆锥花序稠密；两颖草质及边缘膜质，近相等，具 5~9 脉，顶端渐尖或稍钝，常具纤毛，脉间疏生长丝状毛，第一外稃卵状披针形，长为颖片的2/3，透明膜质，无脉，顶端尖或齿裂，第二外稃与其内稃近相等，长约为颖之半，卵圆形，顶端具齿裂及纤毛；雄蕊 2 枚；花柱细长，基部多少连合，柱头 2 个，紫黑色，羽状，自小穗顶端伸出。颖果椭圆形，胚长为颖果之半。花、果期4~6 月。

二、生境分布

生于低山带平原河岸草地、农田、果园、苗圃、田边、路旁、荒坡草地、林边、疏林下、灌丛中、沟边、河边堤埂、草坪，以及沙质草甸、荒漠与海滨，竞争扩展能力极强。各地均有分布，主产于河南、辽宁、河北、山西、山东、陕西、新疆等北方地区。

三、栽培技术

1. 整地

白茅喜光，稍耐阴，喜肥又极耐瘠，喜疏松湿润土壤，相当耐水淹，也耐干旱，适应各种土壤，黏土、沙土、壤土均可生长。在阳光充足，肥沃，腐殖质土或肥沃深厚、排水良好的沙质壤土种植白茅最好。整地时每亩用农家肥1500~2000 千克、加拌磷肥 20~40 千克作基肥，基肥撒匀后深耕 20~30 厘米，耙细整平作畦，畦宽 1~1.2 米。

2. 播种

在春季清明至谷雨时节，按行距开 20~25 厘米的浅沟，将种子均匀撒入沟内，然后覆土 1 厘米左右等。种完后浇水，20 天左右出苗。

3. 田间管理

苗期要经常除草，力求除早除尽。出苗 20 天时结合中耕除草进行间苗，将过密苗带土拈起，移植至稀疏的苗地即可。基本齐苗后适时追肥，可喷淋0.1%复合肥水溶液。

在白茅未封畦时，要及时把杂草拔除。追肥1~2次有机肥。

田间土壤要保持相对湿润，太过于干旱时，及时浇水。

4. 病虫害防治

根腐病：为害根部，时期多在多雨季节时发生。防治方法：①清园；②用石灰处理病穴。

蚜虫：以吸食茎肉汁液为害。防治方法：冬季清园，也可用吡虫啉、毒死蜱等农药进行喷洒。

5. 采收

播种后1~3年收获，一般于秋、春将其茎叶和根一起采挖，保持要件完整，去净泥土，晒半干后扎成小把，再继续晒干或阴干后保存，不受其他污染。

四、应用价值

1. 药用价值

白茅根入药。春、秋采挖，除去地上部分及泥土，洗净、晒干后，揉去须根及膜质叶鞘。性寒，味甘。有凉血止血、清热生津、利尿通淋的功效，用于血热出血、热病烦渴、胃热呕逆、肺热喘咳、小便淋沥涩痛、水肿、黄疸等。

2. 营养价值

白茅根中含有糖、蛋白质、氨基酸及多种维生素，还有锌、铜、铁等矿物质元素。

五、膳食方法

采挖白茅根鲜用或晒干，主要用于煲汤。

1. 白茅根瘦肉汤

食材：鲜白茅根、猪肉。

做法：将白茅根、猪瘦肉根洗净，切段。把全部用料一齐放入锅内，加清水适量，武火煮沸后，文火煮 1 小时，调味即可。

2. 胡萝卜竹蔗白茅根瘦肉汤

食材：鲜白茅根、胡萝卜、甘蔗、猪肉。

做法：把胡萝卜洗净去皮切块；甘蔗洗净去皮，斩成小段，劈开；鲜白茅根、瘦猪肉用水洗干净。将以上全部材料，放入已经烧开了的水中，用中火煲 3 小时，以少许细盐调味，即可饮用。

3. 玉米须猪小肚汤

食材：鲜白茅根、猪小肚、玉米须、红枣。

做法：猪小肚去净肥脂，切开，用盐、生粉拌擦，用水冲洗，放入开水锅煮 15 分钟，取出在冷水中冲洗；鲜白茅根、玉米须、红枣（去核）洗净。把全部材料放入开水锅内，武火煮沸后，文火煲 3 小时，调味供用。

●学名●
Acorus tatarinowii Schott

石菖蒲

别名： 薄菖蒲、菖蒲、臭菖、臭菖蒲、回手香、九节菖蒲、山艾、石昌蒲、石蜈蚣、水菖蒲、水剑草、水蜈蚣、随手香、鲜菖蒲、香草、小石菖蒲、岩菖蒲、草蒲、九节草蒲、苦菖蒲、山菖蒲、石扁兰

科属： 天南星科菖蒲属

一、形态特征

多年生草本植物。根茎芳香，外部淡褐色，根肉质，具多数须根，根茎上部分枝甚密，植株因而成丛生状，分枝常被纤维状宿存叶基。叶无柄，叶片薄，基部两侧膜质，上延几达叶片中部，渐狭，脱落；叶片暗绿色，线形，基部对折，中部以上平展，先端渐狭，无中肋，平行脉多数，稍隆起。花序柄腋生，三棱形。叶状佛焰苞，为肉穗花序长的 2~5 倍或更长，稀近等长；肉穗花序圆柱状，上部渐尖，直立或稍弯。花白色。幼果绿色，成熟时黄绿色或黄白色。花果期 2~6 月。

二、生境分布

生在山涧水石空隙中或山沟流水砾石间。分布于黄河以南各省区，也常有栽培。

三、栽培技术

1. 育苗

种子繁殖：将成熟红色浆果洗净，收集种子，置于装有潮湿土壤的大盆中，在 20℃ 左右时进行室内秋播，早春会陆续发芽，然后分离培养，待幼苗生长健壮后移栽至大田中。

根茎繁殖：在早春或生长期内，将根状茎挖出，去除老根、茎和枯叶，切成若干小块，每个小块保留一定数量的根系、嫩叶和 3~4 个新芽，然后分栽定植。

2. 定植

石菖蒲喜阴湿环境，在郁密度较大的树下也能生长，不耐阳光暴晒，不耐干旱，稍耐寒。选择低洼潮湿地栽植，株行距 30 厘米 × 30 厘米。不可栽种太深，保持主芽接近泥面，并保持 1~3 厘米水层。

3. 大田管理

适应能力强，可粗放管理。在生长期内保持一定水位，追肥 2~3 次，前期以施氮为主，抽穗开花前适当补施磷钾肥，注意除草。石菖蒲耐寒，冬季不需要特殊管理，只要将枯死茎叶清理即可。

4. 病虫害防治

石菖蒲野生性较强，很少发现病虫害。

5. 科学富硒

石菖蒲富硒生产是在石菖蒲生长发育过程中，叶面喷施补硒产品，通过其生理生化反应，将无机硒吸入植株体内，转化为有机硒富集在根茎中，经检测硒含量达到 GB28050 标准时即成为富硒石菖蒲。

在阴天和晴天下午 16:00 后施硒效果较好。硒溶液要喷洒均匀，雾点要细。施硒后 4 小之内遇雨，应及时补施 1 次。可与酸性、中性农药、肥料混用，不能与碱性肥料、农药混用。

6. 采收

石菖蒲主要采收根茎入药，宜在早春或冬末人工挖取根茎，剪去叶片和须根，洗净晒干，去掉毛须即可。

四、应用价值

1. 药用价值

根茎入药。秋、冬二季采挖，除去须根及泥沙，晒干。性温，味苦、辛。有化痰、开窍、健脾、利湿之功效，用于化湿开胃、开窍豁痰、醒神益智。

2.营养价值

石菖蒲根含有氨基酸、有机酸和糖类等，还含有特别的石菖醚。

五、膳食方法

采根状茎，洗净、刮去黄黑硬节皮，用淘米水浸泡一天除去气味。可与肉类炒食或炖汤。

1.石菖蒲肉沫汤

食材：石菖蒲根、红枣、猪瘦肉、生姜。

做法：把石菖蒲根、红枣处理洗净，生姜切片，猪瘦肉剁成肉泥，所有食材一起炖 1 小时，调味即可。

2.石菖蒲炖鸡

食材：石菖蒲根、红枣、生姜。

做法：把石菖蒲根、红枣处理洗净，生姜切片，鸡处理干净，除去内脏，整只与所有食材一起炖 1 小时，调味即可。

●学名●
Commelina communis L.

鸭跖草

别名： 碧竹子、翠蝴蝶、淡竹叶、耳环草、福菜、挂樑青、管蓝青、桂竹草、鸡冠菜、鸡舌草、兰姑草、蓝花水竹草、蓝花竹叶草、蓝雀菜、菱角草、马儿草、牛巴子菜

科属： 鸭跖草科鸭跖草属

一、形态特征

一年生披散草本。茎匍匐生根，多分枝，长可达 1 米，下部无毛，上部被短毛。叶披针形至卵状披针形。总苞片佛焰苞状，与叶对生，折叠状，展开后为心形，顶端短急尖，基部心形，边缘常有硬毛；聚伞花序，下面一枝仅有花 1 朵，不孕；上面一枝具花 3~4 朵，具短梗，几乎不伸出佛焰苞。花梗短，果期弯曲；萼片膜质，内面 2 枚常靠近或合生；花瓣深蓝色；内面 2 枚具爪。蒴果椭圆形，2 室，2 裂，有种子 4 颗。种子棕黄色，一端平截，腹面平，有不规则窝孔。花期 7~9 月，果期 9~10 月。

二、生境分布

生于湿润的沟边、路边、田埂、荒地、宅旁墙角、山坡及林缘草丛中。主要分布于云南、四川、甘肃以东的南北各省区，有驯化栽培。

三、栽培技术

1. 育苗方法

种子繁殖：鸭跖草用种子繁殖可在 2 月下旬至 3 月上旬在温室育苗。播种前用 25~27℃温水浸种 8~10 小时后捞出，在 25~27℃下催芽 3~5 天，种子露白后即可播种。

育苗可采用条播或撒播的方式，在整好的畦内按 10~15 厘米行距开沟，将

催好芽的种子均匀撒入沟内，覆土，稍加镇压后保持土壤湿润。在适宜的温、湿度条件下，1周左右即可出苗，出苗后降低温、湿度管理，以免幼苗徒长。

扦插：鸭跖草的每个节都可以产生新根。将植株的茎剪下，在整好的田内按5厘米×10厘米的株、行距扦插定植。扦插后保持土壤湿润，光照较强时，应搭阴棚遮阳，避免失水过多而使扦插苗死亡。15天左右即可生根。

分株：春季在地上部分萌发前，将根挖出，分根定植。一般每块根可分为10株左右，按10厘米×10厘米的株、行距定植于大田。

2. 田间管理

田间培养鸭跖草，一般每年春季换一次盆，盆土用园土加少量河沙即可。幼苗期放在有散射光处养护，成株期放半阴处培养。虽然在室内光线明亮处也能生长，但长期置于室内光照较少处，则枝叶易徒长，叶片变薄而缺乏光泽，叶色变浅，因此，春、秋季节宜将花盆悬挂在中午无阳光直射的阳台或廊檐下，经常喷水以增加空气湿度，同时保持盆土湿润。

每月施1~2次以氮肥为主的复合液肥。夏季放室内光照充足处，冬季悬吊在朝南窗前，则茎叶粗壮肥厚，叶面光亮。冬季要控制浇水，室温保持在10℃左右可安全越冬。枝条生长过长时应于春季结合换盆进行摘心，促使萌发分枝，使株形发育圆整。此外，对其萌生的蘖芽应及时剪除，以利新枝生长旺盛，株形整齐。剪下的枝条可作扦插繁殖用。

3. 病虫害防治

夏季易发生介壳虫、红蜘蛛和蚜虫危害，可喷洒吡虫啉、毒死蜱进行防治。灰霉病和叶枯病危害叶片，用50%托布津可湿性粉剂1000倍液喷洒。

4. 采收

药用鸭跖草在6~7月开花期采收全草，鲜用或阴干。全年采收其嫩梢或在幼苗长至20~30厘米作为蔬菜。

四、应用价值

1. 药用价值

地上部分入药。全年可采收，鲜用或晒干。性寒，味甘、微苦。有能清热、解毒、利尿之功效，用于感冒发热、热病烦渴、咽喉肿痛、水肿尿少、热淋涩痛、痈肿疔毒。

2. 营养价值

鸭跖草含有蛋白质、脂肪、碳水化合物、粗纤维、维生素、胡萝卜素、镁、铝、钾、钠等。

五、膳食方法

鸭跖草的嫩茎叶可作为蔬菜。

1. 鸭跖草土豆汤

食材：鸭跖草、土豆、鸡蛋、葱。

做法：采摘鸭跖草的嫩叶，加入适量的清水和一点盐，搅拌均匀，清洗干净，再放入开水锅中，焯水后捞出，放入凉水盆内过凉备用。土豆清洗干净后，去皮，切成细丝，装入盛有清水的盆中，防止土豆氧化。锅加油烧热，加入适量的葱末，翻炒出香味后，将土豆丝放入锅中，加入适量的盐、生抽和蚝油，翻炒均匀后，加入适量的清水，大火煮开。将焯水后的鸭跖草放入锅中，搅拌均匀，大火煮 1 分钟后，取一个碗，打入一个鸡蛋，加入少许盐，将蛋液打散后，倒入锅中，煮出蛋花后关火，滴两滴香油增香，即可出锅。

2. 蒜香鸭跖草

食材：鸭跖草、蒜。

做法：采摘新鲜鸭跖草的嫩茎叶，用清水洗净，放开水里焯，捞出切小段，放入生抽、食醋、食盐、蒜末等调料凉拌即可。

●学名●
Polygonatum sibiricum Redouté

黄精

别名： 鸡头黄精、黄鸡菜、东北黄精、鸡头根、鸡头七、鸡爪参、老虎姜、家笔管菜、轮生玉竹、轮叶黄精、山包米、山苞米、山黄蜡、山姜、野山姜、大黄精、观音果、黄精苗

科属： 百合科黄精属

一、形态特征

多年生草本，根状茎肥厚，通常连珠状或结节成块，少有近圆柱形，直径 1~2 厘米。茎高 50~100 厘米，通常具 10~15 枚叶。叶互生，椭圆形、卵状披针形至矩圆状披针形，少有稍作镰状弯曲，先端尖至渐尖。花序具 1~14 花，伞形，总花梗长 1~6 厘米，苞片微小，位于花梗中部以下，或不存在；花被黄绿色；花丝两侧扁或稍扁，具乳头状突起至具短绵毛，顶端稍膨大乃至具囊状突起。浆果黑色，具 3~9 颗种子。花期 5~6 月，果期 8~10 月。

二、生境分布

生于林下、灌丛或山坡阴处。分布于湖南、湖北、安徽、贵州、河南、江西、安徽、江苏、浙江、福建、广东、广西。

三、栽培技术

1. 整地

黄精种植选择新开垦荒地，选土层深厚、腐殖质多、上层透光性充足的林下开阔地带或林缘地带为宜。在种植地上先撒施腐熟农家肥 2000~2500 千克/亩 + 过磷酸钙 25 千克/亩，然后耕翻 25~30 厘米深，平地四周应开深 40~60 厘米排水沟。

2. 选种与栽培

种茎选择：选择 3~4 节以上无病虫害、无损伤、芽头完好的根茎做种。将带芽头种茎截成 3~4 节一段，并用草木灰涂抹伤口。

种茎处理：播种前将选好种茎用多菌灵可湿性粉剂或甲基硫菌灵（甲基托布津）等杀菌剂 800~1200 倍液浸种 15~30 分钟，之后捞出晾干，晾干后的种茎于阳光下摊晒 1~2 天后栽种。

栽培：黄精在前一年 9 月份到翌年的 3 月份出苗前均可播种，栽种时按行距 35~40 厘米、株距 15~20 厘米开沟，种植深度为 8~10 厘米，栽植后覆土 5~8 厘米，栽种时间以 9~10 月播种最佳。

覆盖：在黄精出苗前畦面用稻草或其他茅草覆盖（厚 3~5 厘米），这样能增加土壤有机质，起到防草保湿的作用。

3. 田间管理

中耕除草：在每年的 4~11 月根据土壤墒情进行中耕除草培土，中耕时宜浅锄，避免伤到黄精的根茎而染病。

肥水管理：遇旱须及时浇水，保持土壤湿润；雨季应及时清沟沥水，灌溉时不宜漫灌；在 3~4 月黄精苗长齐时追施苗肥，苗肥以 46% 尿素为主，下雨前撒施 10~15 千克 / 亩，5 月黄精摘蕾后追施摘蕾肥，7 月进入根茎膨大期，结合中耕除草及时补壮根肥；二者均撒施三元复合肥 25~30 千克 / 亩；11 月黄精倒苗后，结合田园清理重施越冬肥，施肥以有机肥为主，施腐熟的农家肥 1000~1500 千克 / 亩 + 过磷酸钙 50 千克 / 亩 + 饼肥 50 千克 / 亩。

遮阴：黄精性喜阴凉，在 4 月光照增强时要进行人工遮阴，用透光率在 30%~40% 遮阳网搭建荫棚，四周通风。

疏花摘蕾：开花使得生殖生长旺盛，耗费大量营养，因此在花蕾形成前期及时将其摘除，减少生殖生长，促使养分向地下根茎积累；在 4~5 月黄精孕蕾时即可将花蕾全部摘除。

留种：选择高大、健壮整齐、无病虫害的植株留种。在 9~10 月种子成熟后采收，将采回来的种子用清水浸泡，去掉漂浮在上面不饱满的种子，之后沥干水分晾干，用网袋沙藏贮存备用。

4. 病虫害防治

农业防治：选择抗病性强、无病虫害的黄精根茎；及时清理病残植株和枯枝落叶；及时准确进行病情预测预防。

虫害物理防治：4~7月在黄精田间安装频振式杀虫灯或悬挂黄板粘虫板等进行防治。

叶斑病：4~6月发病，先在受害叶叶尖出现椭圆形或不规则形，外缘呈棕褐色、中间淡白色的病斑，随后向下蔓延，使叶片枯焦而死。防治方法：黄精叶长齐后，喷等量式波尔多液防治，每7~10天喷洒1次，连喷3~4次。

根腐病：雨后高温高湿，根部腐烂，营养不能供应，整株死掉。防治方法：可用铜制剂或甲霜噁霉灵喷雾预防，发病时用铜制剂或甲霜噁霉灵进行灌根防控。

5. 采收

黄精种植4年才会采收鲜块茎，主要是在春、秋二季采挖，鲜用或除去须根，洗净，置沸水中略烫或蒸至透心，干燥。

四、应用价值

1. 药用价值

根状茎入药。春、秋二季采挖，除去须根，洗净，置沸水中略烫或蒸至透心，干燥。性平，味甘。有补气养阴、健脾、润肺、益肾之功效，用于脾虚胃弱、体倦乏力、口干食少、肺虚燥咳、精血不足、内热消渴。

2. 营养价值

黄精含有黄精多糖、黏液质、淀粉、甾体皂苷、蒽醌类化合物、生物碱、强心苷、维生素、脂肪、蛋白质及多种对人体有用的氨基酸等化合物。

五、膳食方法

黄精的根可以煲汤及煲粥，有很好的保健作用。

1. 黄精羊肝汤

食材：黄精、苍术、枸杞、羊肝、猪瘦肉。

做法：把猪瘦肉洗净切丝，羊肝洗净切片，黄精、苍术、枸杞洗净一起放入瓦煲内，武火烧开后，改用文火煲 2 小时，加盐调味即可。

2.黄精瘦肉粥

食材：黄精、粳米、枸杞、猪瘦肉。

做法：黄精洗净，瘦猪肉切丝，粳米洗净，加水熬煮成粥。

3.黄精炖鸡

食材：黄精、鸡、党参、淮山药、生姜、葱。

做法：鸡处理干净，去内脏；将黄精、鸡、党参、淮山药、生姜、葱一起加水熬 2 小时即可。

●学名●
Hemerocallis citrina Baroni

黄花菜

别名： 金针菜、黄花、黄花苗、黄金萱、金针、柠檬萱草、萱草、萱草根、针菜、黄花菜根、金针花、金针苗、野金针菜、针针花

科属： 百合科萱草属

一、形态特征

多年生草本，高 30~65 厘米。根簇生，肉质，根端膨大成纺锤形。叶基生，狭长带状，下端重叠，向上渐平展，全缘，中脉于叶下面凸出；叶 7~20 枚。花茎自叶腋抽出，茎顶分枝开花；花葶长短不一，一般稍长于叶，基部三棱形，上部多少圆柱形，有分枝；苞片披针形，自下向上渐短；花梗较短；花多朵，最多可达 100 朵以上；花被淡黄色，有时在花蕾时顶端带黑紫色。蒴果，革质，钝三棱状椭圆形。种子 20 多个，黑色，有棱，从开花到种子成熟需 40~60 天。花果期 5~9 月。

二、生境分布

生于山坡、山谷、荒地或林缘。分布于秦岭以南各省（包括甘肃和陕西的南部，不包括云南），以及河北、山西和山东。

三、栽培技术

1. 育苗

分株繁殖是最常用的繁殖方法。一是将母株丛全部挖出，重新分栽；另一种是由母株丛一侧挖出一部分植株做种苗，留下的让其继续生长。

挖苗和分苗时要尽量少伤根，随着挖苗和分苗随即栽苗。种苗挖出后应抖去泥土，一株一株地分开或每 2~3 个芽片为一丛，由母株上掰下。将根茎下部生长的老根、朽根和病根剪除，只保留 1~2 层新根，并把过长的根剪去，约留 10 厘米长即可。

2. 田间管理

采用密植可发挥群体优势，增加分蘖、抽薹和花蕾数，达到提高产量的目的。一般多采用宽窄行栽培，宽行 60~75 厘米，窄行 30~45 厘米，穴距 9~15 厘米，每穴栽 2~3 株，栽植 4000 株 / 亩。

黄花菜的根群从短缩茎周围生出，有 1 年 1 层，自下而上发根部位逐年上移的特点，因此适当深栽利于植株成活发旺，适栽深度为 10~15 厘米。植后应浇定根水，秋苗长出前应经常保持土壤湿润，以利于新苗的生长。

黄花菜为肉质根系，需要肥沃疏松的土壤环境条件，才能有利于根群的生长发育，生育期间应根据生长和土壤板结情况，中耕 3~4 次，第一次在幼苗正出土时进行，第二至四次在抽薹期结合中耕进行培土。

黄花菜要求施足冬肥（基肥），早施苗肥，重施薹肥，补施蕾肥。

冬肥（基肥）：应在黄花菜地上部分停止生长，即秋苗经霜凋萎后或种植时进行，以有机肥为主，每亩施优质农家肥 2000 千克、过磷酸钙 50 千克。

苗肥：苗肥主要用于出苗、长叶，促进叶片早生快发。苗肥宜早不宜迟，应在黄花菜开始萌芽时追施，每亩追施过磷酸钙 10 千克、硫酸钾 5 千克。

薹肥：黄花菜抽薹期是从营养生长转入生殖生长的重要时期，此期需肥较多，应在花薹开始抽出时追施，每亩追施 46% 尿素 15 千克、过磷酸钙 10 千克、硫酸钾 5 千克。

蕾肥：蕾肥可防止黄花菜脱肥早衰，提高成蕾率，延长采摘期，增加产量。应在开始采摘后 7~10 天内，每亩追施 46% 尿素 5 千克。

3. 病虫害防治

黄花菜主要病虫害有锈病、叶枯病、叶斑病、红蜘蛛和蚜虫等。

锈病：①合理施肥，雨后及时排水，防止田间积水或地表湿度过大。②采收后拔薹割叶集中烧毁，并及时翻土；早春松土、除草。③药剂防治。在发病初期，用 50% 多菌灵可湿性粉剂 600~800 倍液、75% 百菌清可湿性粉剂 600 倍液，每隔 7~10 天喷一次，连喷 2~3 次。

叶枯病：用 75% 百菌清可湿性粉剂 800 倍液进行叶面喷施防治，出现病害后 7~10 天喷 1 次，共喷 2~3 次。

叶斑病：①农业防治。选用抗病品种；合理施肥，增强植株抗病性；采摘后及时清除病残体，集中烧毁或深埋。②药剂防治。在发病初期，及时用 50% 多菌灵可湿性粉剂 800~1000 倍液，每隔 7~10 天喷一次，连喷 2~3 次。

炭疽病：在发病初期，及时喷洒 50% 甲基硫菌灵（甲基托布津）或 50% 多菌灵可湿性粉剂 800~1000 倍液、75% 百菌清可湿性粉剂 600~800 倍液。

白绢病：①采收后清园，减少越冬菌源。②药剂防治。在发病初期，用 50% 多菌灵 500~800 倍液或 70% 甲基硫菌灵 800~1000 倍液每隔 7~10 天喷一次，连喷 2~3 次。

红蜘蛛：用 15% 哒螨酮（扫螨净）可湿性粉剂 1500 倍液，或 73% 炔螨特（克螨特）2000 倍液喷雾。

蚜虫：新鲜小辣椒研磨兑水直接喷杀。

4. 采收

一般黄花菜的采收时间是在 7 月上旬到 8 月中旬。花蕾的采摘时间不能太早，不然会影响其产量，而且经过加工以后颜色也会带黑，影响销售品质。但是采摘的时间也不能太晚，不然会导致花瓣开裂，花粉散开，品质变差。

四、应用价值

1. 药用价值

根入药。夏秋采挖，除去残茎、须根，洗净泥土，晒干。性凉，味甘。有清热利湿、凉血止血、解毒消肿之功效，用于黄疸、水肿、淋浊、带下、衄血、便血、崩漏、瘰疬、乳痈、乳汁不通。

2. 营养价值

黄花菜根含有丰富的蛋白质、脂肪、碳水化合物、氨基酸、维生素，以及微量元素锌和硒等多种成分。

五、膳食方法

黄花菜根是上等食材，四季可挖用于煲汤，如黄花菜根小肠汤、黄花菜根鸡心汤等。

1. 黄花菜根炖猪肾

食材：黄花菜根、猪肾、葱、生姜。

做法：将黄花菜根洗净，用白纱布包好，扎紧；猪肾用刀对剖，去脂膜，除臊腺，切片，与纱布药包一起放入砂锅内，摆上葱节、姜片，加水适量，先用武火烧沸，后改用文火炖 30 分钟，拣去葱节、姜片和纱布药包，加入精盐、味精各少许调好味即可。

2. 黄花菜小肠汤

食材：黄花菜根、小肠、生姜。

做法：将黄花菜根洗净，小肠处理干净，连生姜片一起放入砂锅内，文火炖 1 小时，调味即可。

3. 黄花菜根鸡心汤

食材：黄花菜根、鸡心。

做法：将黄花菜根洗净，鸡心处理干净，一起放入砂锅内，大火煮开，文火炖半小时，调味即可。

●学名●
Ophiopogon japonicus (L. f.) Ker Gawl.

麦冬

别名： 沿阶草、麦门冬、地麦冬、麦冬沿阶草、猫眼睛、山韭菜、书带草、细叶麦冬、细叶沿阶草、小麦冬、小麦门冬、绣墩草、浙麦冬、阶前草、龙须草、小叶麦门冬、沿防草

科属： 百合科沿阶草属

一、形态特征

多年生草本植物。根较粗，中间或近末端常膨大成椭圆形或纺锤形的小块根；小块根长1~1.5厘米，或更长些，淡褐黄色；地下走茎细长，节上具膜质的鞘。茎很短，叶基生成丛，禾叶具3~7条脉，边缘具细锯齿。花葶通常比叶短得多，总状花序，具几朵至十几朵花；花单生或成对着生于苞片腋内；苞片披针形，先端渐尖；花梗关节位于中部以上或近中部；花被片常稍下垂而不展开，披针形，白色或淡紫色；花药三角状披针形；花柱较粗，基部宽阔，向上渐狭。种子球形。花期5~8月，果期8~9月。

二、生境分布

生于山坡草丛阴湿处、林下或溪旁。分布于广东、广西、福建、台湾、浙江、江苏、江西、湖南、湖北、四川、云南、贵州、安徽、河南、陕西和河北等地。

三、栽培技术

1.选地整地

麦冬种植要选择松软、肥力充足、排灌正常的沙质土壤，土壤前茬作物不可为麦冬，禁止连作。在收获前茬作物之后要做好整地工作，将土壤深翻22厘米左右，反复耕耙，保证土壤足够松软平整。

如果土壤面积大且坑洼不平的话，那么要建好土埂，便于后期管理及排灌。整地时还要施足基肥，基肥以腐熟的农家肥为主，将其与土壤充分混合，提高土壤的肥力，后做畦准备种植。

2. 栽种育苗

麦冬主要的栽种方法以分株为主。在每年4月初的时候，选择颜色鲜艳、无病虫害的健壮植株，将植株块根及周围须根剪下，使其成为独立植株，然后将块根茎基剪至根部出现白色部位的位置，便可及时种植。

种植时要注意天气，不宜在雨天进行，控制好行株距，挖好5厘米左右的栽种沟。然后在栽种沟内施入肥料，再进行栽种。栽种后覆盖细土，将其压紧踩实，防止幼苗倒伏。

3. 田间管理

麦冬喜凉爽湿润的环境，并且种植间距比较大，因此可以适当间作。一般在春秋等季节栽种玉米等营养需求较少的作物。不过冬春季正是其块根的生长发育期，因此这个时候不可间作，防止缺乏营养，导致麦冬产量下降。

在种植过程中，还要做好中耕除草的工作，大约在2周后开始除草，浅锄3厘米左右。6~9月是杂草的生长旺期，因此这个时间内每个月都必须要除草1次，防止杂草抢夺麦冬生长所需营养。

4. 水肥管理

麦冬对营养的需求是比较大的，因此在麦冬整个生育期内至少要追肥3次。但是具体也要根据种植地区、品种及麦冬实际生长情况而定。肥料大多都是以腐熟的人畜粪水为主，过磷酸钙等复合肥为辅。

在夏季等高温季节的时候，麦冬的水分蒸发速度加快，这个时候要及时浇水。如果土壤过于干旱的话，要经常浇水，尤其是在冬春季的时候，要满足块根生长所需的水分。但水分也不宜过多，浇水过多或者是遇到雨季的时候也要注意做好排水工作，防止引发病虫害，降低产量。

5. 病虫害防治

沿阶草叶枯病是由半知菌亚门真菌引发的一种常见病。这种病不仅发病猛、传播快，而且对沿阶草属其他植物也可造成危害。

症状：主要对叶片造成侵害，一般从叶尖开始发生，初期病斑呈灰色枯萎状，逐渐转为灰白色，后期病斑干枯，并着生有黑色粒状物。

发生规律：病原菌以分生孢子、菌核在寄生植物病残体上越冬，并借助雨水、浇水传播。整个生长期均有发生，华北地区 5~9 月为发病高峰期。

防治方法：加强水肥管理，注意提高磷、钾肥的施用量；春季植株萌芽时用 75% 百菌清可湿性颗粒 1000 倍液喷施进行预防，每隔 7 天喷 1 次，连续喷 3~4 次，可有效防止该病发生。

6. 采收

麦冬种植 2~3 年后，药用成分含量方可达标，每年 4 月份即可采挖。采挖后去除泥土等杂质，剪下块根淘洗干净，不宜及早剪除块根上的须根，须根可加快块根中的水分蒸发。

四、应用价值

1. 药用价值

干燥块根入药。3~5 月采收，除去杂质，洗净，切下块根和须根，晒干。微寒，甘，微苦。有养阴生津、润肺止咳之功效，用于肺胃阴虚之津少口渴、干咳咯血，心阴不足之心悸易惊，以及热病后期热伤津液等证。

2. 营养价值

麦冬主要含碳水化合物、脂肪、蛋白质、纤维素、沿阶草苷、甾体皂苷、生物碱、谷甾醇、葡萄糖、氨基酸、维生素等。

五、膳食方法

麦冬是很好的保健食材，可以煮汤，也可以煮粥食用。

1. 麦冬烧豆腐

食材：麦冬、豆腐、姜、葱。

做法：将麦冬用清水浸泡一夜，捶扁，取出内梗，洗净；豆腐洗净，切成丁；姜切片，葱切段。将炒锅置武火上烧热，下入植物油，烧至六成热时，下入姜、葱爆香，随即下入麦冬、豆腐、料酒、盐、味精即成。

2. 麦冬蒸子鸭

食材：麦冬、幼小鸭子。

做法：将麦冬用清水洗净，浸泡24小时，取出捶扁，除去内梗；鸭宰杀后，放入蒸盆内，抹上盐、味精、酱油、姜、葱、胡椒粉、料酒，腌渍1小时；将麦冬放入鸭腹内，置武火大汽蒸笼内，蒸55分钟即成。

3. 山药麦冬炖燕窝

食材：麦冬、鲜山药、燕窝、鸡汤。

做法：将麦冬去内梗，洗净；山药去皮，切成丁；燕窝用45℃温水浸泡，去燕毛，洗净。将麦冬、山药、燕窝、鸡汤、盐同放炖锅内，置武火上烧沸，再用文火炖35分钟即成。

●学名●
Asparagus cochinchinensis (Lour.) Merr.

天门冬

别名：天冬、明天冬、天文冬、地门冬、肥天冬、大天冬、大当门根、浣草根、女木根、筵门冬、门冬、润天冬、延门冬、无不愈、管松、浣草、缔休、十二根、三百棒

科属：百合科天门冬属

一、形态特征

多年生攀缘植物。根在中部或近末端成纺锤状膨大。茎平滑，常弯曲或扭曲，长可达1~2米，分枝具棱或狭翅。叶状枝通常每3枚成簇，扁平或由于中脉龙骨状而略呈锐三棱形，稍镰刀状；茎上的鳞片状叶基部延伸为硬刺，在分枝上的刺较短或不明显。花通常每2朵腋生，淡绿色；花梗关节一般位于中部，有时位置有变化；雄花花丝不贴生于花被片上；雌花大小和雄花相似。浆果熟时红色，有1颗种子。花期5~6月，果期8~10月。

二、生境分布

多生长于山野林缘阴湿地、丘陵地灌木丛中或山坡草丛。分布于华东、中南、河北、河南、陕西、山西、甘肃、四川、台湾、贵州等地。

三、栽培技术

1. 选地整地

天门冬喜温暖，不耐严寒。园区选择在日照时间短的山谷平地或林荫处育苗。播种前深翻犁耙整地，整平整碎，起宽 100 厘米的高畦播种。

2. 选种采种

天门冬是雌雄异株植物，且雌性植株较少，应加强雌株的管理，增施磷钾肥，促进其多开花结果而获得更多的种子。每年 9~10 月，当果实由绿色变红色时采收。在室内堆沤发酵至稍腐烂，放入水中搓去果肉，选择籽粒饱满的种子做种可即采随播，也可留第二年春播。留作春播的种子用湿润细沙贮藏，勿使其干燥，否则会降低发芽率。

3. 田间管理

淋水保苗：植后 1 个月内保持土壤湿润，遇旱要经常淋水，促进发芽长苗。出苗后及时扦插竹竿或木杆，让苗攀缘向上生长，避免相互缠绕扭结，以利于通风透光和田间管理。

中耕除草：一般在 4~5 月进行第一次中耕，以后根据杂草的生长情况和土壤的板结程度决定中耕与否。中耕要求达到土壤疏松，彻底铲除杂草。中耕宜浅，以免伤根，影响块根生长。

适时追肥：天门冬是一种耐肥植物，需施足基肥，多次追肥。第一次追肥在种植后 40 天左右，苗长至 40 厘米以上时进行。过早施肥容易导致根头切口感染病菌，影响成活。一般每亩施人畜粪水 1000 千克。以后每长出一批新苗追肥 3 次，即初长芽尖时施第一次，促进早发芽，每亩施人畜粪水 1000 千克；苗出土而未长叶时施第二次，促进块根生长；叶长出以后施第三次，以促进第二批新芽早长出。后两次施厩肥、草木灰或草皮灰加钙镁磷肥，结合培土。施肥时不要让肥料接触根部，应在畦边或行间开穴开沟施下，施后覆土。

调节透光度：林间种植。入秋后至初冬，进行疏枝，使内透光达50%以上；夏季光照强，天门冬所需光照少，应适当加大荫蔽度。在空旷地种植，应插树枝遮阴，春秋季宜稀，地内透光度50%~60%；夏季宜密，地内透光30%~40%。

4.采收加工

一般种植需3年才能采收。在10月至翌年3月萌芽前，选择晴天，先把插杆拔除，割除茎蔓，然后挖开根四周土壤，小心地把块根取出，抖去泥土，摘下大个的加工作药用，小个的块根带根头留下作种用。摘下块根，剪去须根，用清水洗去泥沙，放入沸水锅内煮10~15分钟，取出剥皮，剥皮时要用手和利刀一次内外两层将皮剥除干净。用清水漂洗外层黏胶质，稍晾干表面水，放入硫黄柜（炉）内熏12小时，使其色泽明亮，然后取出晒干或烘干。最好日晒夜熏，中午太阳光照强，晒时宜用竹帘盖上，防止变色。晒干的天门冬宜装入竹筐内，置通风阴凉干燥处保存。

四、应用价值

1.药用价值

块根入药。定植后2~3年即可采收，割去蔓茎，挖出块根，去掉泥土，用水煮或蒸至皮裂，捞出入清水中，趁热剥去外皮，烘干或用硫黄熏蒸。性寒，味甘、苦。有滋阴润燥、清肺降火之功效，用于燥热咳嗽、阴虚劳嗽、热病伤阴、内热消渴、肠燥便秘、咽喉肿痛。

2.营养价值

天门冬块根含淀粉、蔗糖、氨基酸、维生素及其他多种营养成分。

五、膳食方法

天门冬根是一种有养生作用的保健食材，常与粳米一起煮粥或者和龟肉一起煮汤。

1. 天门冬炖猪肘

食材：鲜天门冬、脱骨猪肘、葱段、姜丝、胡椒粉。

做法：将天门冬洗净，切成片，再将猪肘去毛洗净切成一字块状，投入沸水中除去血水，将肘块、天门冬片、葱段、姜丝、料酒、精盐一并入锅内，加适量清水，用武火烧沸，撇去浮沫，改用文火炖至肘肉熟烂，捞出肉块，装入碗内，盛出汤，放入胡椒粉调味即成。

2. 天门冬粳米粥

食材：天门冬、粳米、冰糖。

做法：将天门冬捣碎，放入砂锅内，加水煎取浓汁，去渣。将粳米洗净，连同煎汁一起入砂锅内，加水适量，武火煮沸后，改为文火煮成粥后，用冰糖调味。

3. 天门冬萝卜汤

食材：天门冬、萝卜、火腿、葱丝、胡椒粉、鸡汤。

做法：将天门冬块根洗净，切成片，熬汁，用纱布过滤，留药汁备用。将火腿切成长薄片，萝卜洗净切丝，锅内放一大碗鸡汤，将火腿先下锅煮沸后，放入萝卜丝、天门冬汁，盖锅煮沸，加精盐、味精再煮一段时间，盛入碗内放上葱丝，撒上胡椒粉即成。

●学名●
Lilium brownii F.E.Br. ex Miellez

野百合

别名： 白花百合、百合、淡紫百合、家百合、喇叭筒、老鸦蒜、山百合、山丹、水百合、檀香百合、岩百合、药百合、野蒜花、白百合、布朗百合

科属： 百合科百合属

一、形态特征

多年生直立草本，体高 30~100 厘米，基部常木质，单株或茎上分枝，被紧贴粗糙的长柔毛。托叶线形，宿存或早落；单叶，叶片形状常变异较大，通

常为线形或线状披针形，两端渐尖，上面近无毛，下面密被丝质短柔毛；叶柄近无。总状花序顶生、腋生或密生枝顶形似头状，亦有叶腋生出单花，或多数；苞片线状披针形，小苞片与苞片同形，成对生萼筒部基部；花梗短；花萼二唇形，密被棕褐色长柔毛，萼齿阔披针形，先端渐尖；花冠蓝色或紫蓝色，包被萼内，旗瓣长圆形，先端钝或凹，基部具胼胝体 2 枚，翼瓣长圆形或披针状长圆形，约与旗瓣等长，龙骨瓣中部以上变狭，形成长喙；子房无柄。荚果短圆柱形，苞被萼内，下垂紧贴于枝，秃净无毛；种子 10~15 颗。花果期 5 月至翌年 2 月。

二、生境分布

生于山坡、路旁、村旁。分布于东北、华东、中南、西南各地。

三、栽培技术

1. 整地

野百合喜温暖、湿润的环境，不耐干旱，怕炎热，怕涝，适宜土层深厚、疏松肥沃的沙质土壤。因此，园区宜选择土质疏松、墒情良好、排水畅通、地势高、向阳、土层深厚、肥力中上的地块。每亩施用腐熟有机肥 2500~3000千克为基肥，用大型机械深翻土壤 25 厘米以上，打碎耙平。起高畦，畦高15~20 厘米，畦宽 65 厘米左右。畦面平整，中间较两边略高。

2. 种苗

野百合的繁殖系数低，播种量大，选用 25 克左右母籽或者剥取鳞片后的百合芯做种子。播种量约 300 千克/亩。

3. 种植

野百合秋季或春季均可种植。春播可选在 3 月下旬或 4 月上旬开始种植，秋季栽培要在立冬前播种完成。

4. 田间管理

追肥：野百合生长期长，需肥量大。3 月中下旬施腐熟有机肥 2500 千克/亩，配施 46% 尿素 10 千克/亩、过磷酸钙 20 千克/亩、钾肥 10 千克/亩。施肥时应避免肥料直接接触鳞茎造成烧伤。5月中下旬结合中耕除草将三元硫酸钾复合肥以 25 千克/亩，开沟深施于行间。追肥还可在第一、二年深秋进行。

浇水：种球种植后 7 天左右需浇水 1 次。野百合怕涝，多雨季节或大雨过后及时疏通沟渠，及时排涝，降低土壤含水量，增加土壤通气性。如遇久旱不雨，土壤干旱，应及时灌水。浇水后要及时松土，保持土壤疏松，防止地块积水。

中耕除草：5月中旬全部出苗后即进行中耕除草，宜浅锄，切忌伤到鳞茎。7月中旬再次进行除草，深约 10 厘米。第二年后进行浅耕一次，深约 8 厘米。第三年根据天气、墒情和杂草生长情况进行除草，做到地净无杂草。

摘蕾：除作留种地外，6月上旬前后当花茎伸长至 2 厘米时及时摘除花蕾，使营养集中于鳞茎生长，有利于鳞茎膨大，增加产量。

越冬管理：当野百合地上部分枯萎后，将枯黄茎叶部割除，及时清理田间残存的枝叶和杂草，保持田园清洁，减少病虫害传播途径。

5. 病虫害防治

叶枯病：在重茬、排水不良、土壤黏重等情况下发病严重。发病初期可用 20% 丙环唑乳油 2500 倍液，7~10 天施用 1 次，连续防治 3~4 次。该病也可通过选择无病种球、轮作倒茬等方法预防。

叶斑病：在土壤湿度大、通风差的情况下易发生，主要为害茎、叶。叶片出现圆形病斑，病斑处变为深褐色或黑色，可导致叶片枯死。茎部出现病斑后，茎秆变细，导致茎腐倒苗。发病初期可选用 75% 百菌清 800 倍液，每 7 天喷 1 次，连续使用 3~4 次。

蚜虫：喜吸食嫩茎汁液，使植株营养流失，影响生长并传播病害。发生初期可用 20% 吡虫啉可湿性粉剂 4000 倍液或 3% 啶虫脒乳油 1500 倍液进行防治，交替用药以防单一用药产生抗药性。

斑潜蝇：不论成虫、幼虫，均可为害野百合整个生育期，在成虫产卵盛期喷施 1.8% 阿维菌素乳油 4000 倍液，每 7~10 天喷 1 次，连续施用 3~4 次。

6. 采收

一般在 10 月下旬至 11 月上旬或者翌年 3 月下旬采收。当茎叶完全枯萎时可选在晴天采挖。将野百合从土壤中挖出，除去泥土和茎秆，将肉质须根剪短。

四、应用价值

1. 药用价值

干燥肉质鳞叶入药。秋季采挖，洗净，剥取鳞叶，置沸水中略烫，干燥。性寒，味甘。有养阴润肺、清心安神之功效，用于阴虚燥咳、劳嗽咳血、虚烦惊悸、失眠多梦、精神恍惚。

2. 营养价值

野百合鳞叶含丰富淀粉、蛋白质、脂肪、淀粉、还原糖、蔗糖、果胶、维生素等多种成分。

五、膳食方法

采食野百合的鳞叶，可清炒、上汤。

1. 西芹清炒鲜野百合

食材：鲜野百合、西芹、枸杞、生姜、生粉。

做法：锅中放入油，以中火烧至五成热，放入姜末爆香，随后放入西芹翻炒片刻；放入野百合、盐和调味粉，翻炒均匀；最后放入枸杞、水和生粉打成的勾芡，将汤汁收稠即可。

2. 野百合炒三鲜

食材：鲜野百合、秋葵、鲜玉米、胡萝卜、姜末。

做法：秋葵切片，泡在盐水里备用；胡萝卜切片，玉米取粒备用。锅内倒水煮开后，加盐，焯熟玉米粒、秋葵、胡萝卜和野百合。热锅倒油，爆香姜末，食材全部下锅翻炒，加入盐、味精、糖调味，出锅前淋上花椒油即可。

3. 鲜野百合南瓜汤

食材：鲜野百合、干野百合、南瓜、玉米、红枣、生姜。

做法：干野百合稍浸泡，玉米切段，南瓜去皮切块，野百合掰开洗干净。除南瓜和鲜野百合外，所有材料下锅加清水5碗，大火烧开后转文火煲

1 小时；加入南瓜和鲜野百合再煲半小时，下盐即可。

4. 鲜野百合炒芦笋

食材：鲜野百合、芦笋。

做法：细芦笋洗净，焯水时可放点盐或者几滴油，以保持其鲜绿，出锅后入冷水过凉；鲜野百合洗净备用。中火起油锅，下野百合翻炒，时间不需要太久，否则就会失去脆劲，加盐调味，再放入焯过的芦笋翻炒几下即可。

●学名●
Allium hookeri Thwaites

宽叶韭

别名：大野韭菜、大叶韭、宽叶野葱、肉根葱
科属：百合科葱属

一、形态特征

多年生草本。鳞茎圆柱状，具粗壮的根；鳞茎外皮白色，膜质，不破裂。叶条形至宽条形，稀为倒披针状条形，比花葶短或近等长，具明显的中脉。花葶侧生，圆柱状，或略呈三棱柱状，下部被叶鞘；总苞 2 裂，常早落；伞形花序近球状，多花，花较密集；小花梗纤细，近等长，为花被片的 2~4 倍长，基部无小苞片；花白色，星芒状开展；花被片等长，披针形至条形；先端渐尖或不等的 2 裂；花丝等长，比花被片短或近等长，在最基部合生并与花被片贴生；子房倒卵形，基部收狭成短柄，外壁平滑，每室 1 胚珠；花柱比子房长；柱头点状。花果期 8~9 月。

二、生境分布

生于山坡的湿润地带或林下。分布于福建、广东、广西、云南、贵州、四川、西藏等地。

三、栽培技术

1. 整地

选择前茬未种过葱蒜类蔬菜、排灌方便、疏松肥沃的壤土或沙质壤土种植。结合深耕，每亩施腐熟人粪尿 4000~5000 千克、复合肥 60~80 千克作底肥或有机肥 2000 千克。以 1.1 米宽距离开畦，畦面宽 70~75 厘米、浅沟宽 35~40 厘米，整平畦面，按株距 15~20 厘米，行距 40 厘米开穴，每畦 4 行。

2. 种苗

宽叶韭一般采用无性繁殖。以一年老蔸进行分株栽培，分株时每株留 2~3 芽、5~7 条须根，并进行修剪留假茎 3~4 厘米、留根 4~6 厘米。

3. 定植

定植前用 40~60 毫克 / 升的赤霉素或 400~600 毫克 / 升的 4 号生根粉液浸种根，以促进多发新根而增加肉质根的产量。每穴栽 1 株，注意栽平、栽直以便日后培土，然后浇水，以利成活。

4. 田间管理

肥水管理：宽叶韭分蘖生长较快，定植后到分蘖期要每亩追 46% 尿素 5~10 千克，分 2 次进行。进入营养生长期后，每亩追施腐熟、清粪水 1000~1500 千克和 10 千克 46% 尿素，增加产量。以后每收割一茬，要追施腐熟人畜粪水 1500~2000 千克和 20~30 千克磷肥或复合肥。宽叶韭性喜湿润，土壤不能过干，结合追肥，每月灌水 1 次即可。

除草：定植后 1 周要进行小中耕，除去株行间的小杂草，并小培土，利于宽叶韭生长。以后每个月要进行中耕施肥，及时清除田间杂草。

5. 病虫害防治

防治原则：按照"预防为主，综合防治"的方针，坚持以"农业防治、物理防治、生物防治为主，化学防治为辅"的无害化防治原则。

农业防治：加强中耕除草，清洁田园，加强肥水管理，提高抗逆能力。

物理防治：利用糖酒醋液诱杀成虫，将糖、酒、醋、水、90% 敌百虫晶体按 3：3：1：10：0.5 的比例制作溶液，每亩 1~3 盒，随时添加，保持不干，诱杀各种蝇类害虫。

6. 采收

当宽叶韭长到 20 厘米左右时即可收割。选晴天的早晨收割，收割时刀距地面 2~4 厘米，以割口呈黄色为宜，割口应整齐一致，一般每 30 天收割一茬。在收割的过程中所用工具要清洁、卫生、无污染。

四、应用价值

1. 药用价值

全草均可入药。夏、秋季采收，洗净，鲜用。性平，味辛、甘。有活血散瘀、祛风止痒等功效，用于跌打损伤、刀枪伤、荨麻疹、牛皮癣、漆疮等症。

2. 营养价值

宽叶韭中含有较为丰富的粗纤维、碳水化合物、蛋白质、维生素及硒、钾、铁、镁、磷等营养元素。

五、膳食方法

食用部位为幼苗嫩叶、嫩花葶和根。春夏两季采摘幼苗嫩叶和嫩花葶，去杂洗净，可炒食、炖汤、煮食、蒸食、做馅或蘸酱。

1. 桃仁宽叶韭

食材：宽叶韭嫩叶、核桃仁。

做法：将宽叶韭嫩叶摘洗干净后切成段；油锅置火上，烧热后将核桃仁放入油锅内炸黄，倒出多余的油；将宽叶韭倒入锅内炒熟，撒上食盐和味精，炒匀出锅装盘即可。

2. 豆芽宽叶韭

食材：宽叶韭嫩叶、绿豆芽。

做法：将宽叶韭嫩叶摘洗干净后切成段；绿豆芽摘洗干净后控干水分备用；炒锅置火上，放入色拉油烧热，加入绿豆芽、宽叶韭、酱油和食盐煸炒至将熟，撒入味精淋上香油，炒匀装盘即可。

3. 素炒宽叶韭

食材：宽叶韭嫩叶。

做法：将宽叶韭嫩叶摘洗干净后控干水分，切成长段；炒锅置火上，放入香油烧热，倒入宽叶韭迅速翻炒至将熟，加入酱油、食盐和味精；煸炒至宽叶韭油绿发亮，出锅装盘。

●学名●
Allium macrostemon Bunge

薤白

别名： 荞头、小根蒜、山蒜、苦蒜、小么蒜、小根菜、大脑瓜儿、野蒜、野葱、野藠、大蕊葱、胡葱、胡葱子、胡蒜、密花小根蒜、山韭菜、石蒜

科属： 百合科葱属

一、形态特征

多年生草本植物。鳞茎近球形，具粗壮的根鳞茎，外皮白色，膜质，不裂或很少破裂成纤维状。叶条形、扁平，具明显的中脉，近与花葶等长。花葶棱柱状，具2~3纵棱或窄翅，下部被叶鞘总苞2~3裂，早落伞形花序少花、松散，小花梗近等长，比花被片长2~5倍，顶端常俯垂，基部无小苞片。花钟状开展，红紫色至紫色花被片，先端平截或凹缺，外轮的宽矩圆形，舟状，内轮的卵状矩圆形，比外轮的稍长而狭花丝等长，略长于或等长于花被片，锥形，在最基部合生并与花被片贴生子房倒卵状球形，顶端有时具6枚角状突起，花柱伸出花被。花果期8~10月。

二、生境分布

生于田间、山坡、干草地、林缘、荒地、沟谷、草甸，常成片生长，形成优势小群。分布于黑龙江、吉林、辽宁、河北、山东、湖北、江西、贵州、云南、甘肃、江苏、福建等地。

三、栽培技术

1. 整地

薤白对土壤要求不高，耐贫瘠。为提高产量，要对栽培田进行整地、施基肥。深翻 20 厘米，结合翻地每亩施入腐熟农家肥 2000 千克，将地整细耙平，做成宽 1.2 米的平畦，高 12 厘米。

2. 种苗

可用种子、珠芽和鳞茎繁殖。春末和秋末均可播种。

种子繁殖：每亩用种子 1 千克，拌细沙撒播于沟内，每平方米需保苗 350 株左右。生长一年半后方可收获。

珠芽繁殖：每平方米播 300 粒珠芽，每亩约 5 千克。春播珠芽当年秋后收获；秋播可以在翌年春季 5 月中下旬采收，时间短，丰产性好。

鳞茎繁殖：播种前应先对鳞茎种进行选择，淘汰个体较小、有病斑或机械损伤的鳞茎，除去干叶，剪掉部分须根，即可播种。每平方米需要用 300 株以上。每亩要 100 千克鳞茎。

3. 田间管理

浇水：栽植后应适当控制浇水，以中耕保墒为主。冬季要在畦面上覆盖农家肥或有机肥护根防寒，保护植株安全越冬。

施肥：在生育期间还应分期追肥，植株返青时结合浇返青水每亩施 46% 尿素 10~15 千克、过磷酸钙 20~25 千克，以促进植株返青发棵。返青 30 天左右进入发叶期，每亩施 46% 尿素 15~25 千克。当鳞茎开始膨大时，每亩施尿素 25~30 千克、硫酸钾 15~20 千克。

中耕：薤白开始膨大以前，中耕除草 2~3 次，耕深 3~4 厘米，保持土壤墒情，增加土壤通透性，提高土壤湿度，促进根系发育。

4. 病虫害防治

主要是疫病和紫斑病。防治方法是加强管理，避免连作重茬，平整土地做到雨后不积水，保护地加大通风，降低田间湿度，种子用甲醛 300 倍液消毒 3 小时，用清水洗净后播种，与非葱类作物实行 2 年以上轮作。

5. 采收

薤白的采收时间很关键。繁殖方法和播种时间的不同，其采收期也各有不同。薤白一般在5月中旬开始逐渐抽薹，春季应在抽薹前及时采收，采收过早产量低，采收过晚会抽薹，质量差；薤白秋季不抽薹，所以秋季在封冻前采收即可。若在小拱棚或大棚温室栽培，使用种子繁殖的要保证生长期在5~6个月，采用珠芽和鳞茎繁殖的生长期最低不少于3个月，当植株长到4叶时，掌握在未抽薹前采收。

四、应用价值

1. 药用价值

干燥鳞茎入药。夏、秋二季采挖，洗净，除去须根，蒸透或置沸水中烫透，晒干。性温，味辛、苦。有通阳散结、行气导滞之功效，用于胸痹心痛、脘腹痞满胀痛、泻痢后重。

2. 营养价值

薤白鲜品含有蛋白质、脂肪、碳水化合物、粗纤维、胡萝卜素、维生素及钾、钙、镁、磷、钠、铁、锰、锌、铜等。

五、膳食方法

薤白采收后，去除根，洗净，蘸酱、做汤、做馅或炒食。

1. 腌薤白

食材：薤白、辣椒酱、白糖、醋、黑芝麻。

做法：薤白摘洗干净，控水。辣椒酱用温水调开，加入一勺白糖拌匀，倒入到薤白中，再加入一点醋、黑芝麻拌匀腌制，放保鲜盒中保存于冰箱，随吃随取。

2. 薤白炒三层肉

食材：薤白、三层肉。

做法：将薤白去杂洗净切段。猪三层肉洗净切片，放碗内，加入精盐、料酒、味精、酱油稍腌。锅烧热，倒猪肉煸炒至透明，放入薤白炒至入味，出锅即成。

3.薤白炒鸡蛋

食材：薤白、鸡蛋。

做法：薤白洗净切段，打入鸡蛋，加入盐搅拌均匀。锅里加入油热后，倒入薤白蛋液翻炒，调味即可。

●学名●
Smilax riparia A. DC.

牛尾菜

别名：草菝葜、大分筋、大叶伸筋、金刚豆藤、牛尾草、牛尾结、牛尾蕨、牛尾苔、软叶菝葜、心叶菝葜、鞭杆子菜、尖叶拔契、龙须菜、卵叶菝葜、卵叶牛尾菜、牛毛蕨、牛尾菜、心叶牛尾菜、鲇鱼须

科属：百合科菝葜属

一、形态特征

多年生草质藤本。茎长 1~2 米，中空，有少量髓，干后凹瘪并具槽。叶较厚，形状变化较大，叶面绿色，无毛；叶柄长 7~20 毫米，通常在中部以下有卷须。伞形花序总花梗较纤细；小苞片在花期一般不落；雌花比雄花略小，不具或具钻形退化雄蕊。浆果直径 7~9 毫米。花期 6~7 月，果期 10 月。

二、生境分布

林下、灌丛、山沟或山坡草丛中。常在油松、山里红、柞树等树干周围或灌丛中，与铁线莲、山葡萄、穿龙骨等混生。除内蒙古、宁夏、青海、新疆、西藏及四川、云南高山地区外，全国都有分布。

三、栽培技术

1. 整地

根据其分布特点和生长习性，种植地应选择在光照充足、早朝阳，有水源的天然林地、阳坡地、平地、大田等。定穴长40厘米、宽40厘米、深50厘米，用腐熟的牛粪3千克/穴、磷肥0.1千克/穴与熟土混合拌均匀回填，待定植。

2. 育苗

繁殖方法主要有种子育苗、茎段扦插繁殖和根蘖苗移栽，生产上主要采用茎段扦插繁殖和根蘖苗移栽。

3. 定植

扦插苗和根蘖苗9月至翌年1月移栽为宜，灌溉条件好、冬季温度不低的地方最好在9月完成移栽。移栽前在已回填肥土的种植穴开挖浅沟。移栽时，将种苗根系在浅沟舒张摆放，回填土并压实，浇足定根水。

4. 田间管理

水肥管理：11~12月结合中耕松土，在双行中间挖深50厘米的沟，按牛粪1500千克/亩+钾肥750千克拌匀，翻埋于植株根际，注意不要损伤藤茎和根部，同时清除杂草、灌丛和清理排灌沟。施肥后每周灌水1次。5~8月雨季时要及时排水，防止雨水过多烂根。

修枝整形：当年定植的植株在株高1米时，用绑扎材料将主藤枝固定在藤架上，进行圈枝，同时对主茎摘顶，促进2、3级藤枝分生；当藤枝长20厘米时，将藤枝沿棚架顶部舒展固定。第二年以后每年修剪2次。4月鲜花采收完以后，修剪2米以上的主藤枝和20厘米以上的2级藤枝，3级藤枝全部剪除，加强水肥管理，促进嫩芽萌发，保证在4~6月大量采收鲜茎上市。平时要及时将2、3级藤枝舒张固定在藤架上。11月植株停止生长，主藤枝1米以上全部剪除，加强管理，促进花芽分化。2月主藤枝迅速生长，此时要对主茎摘顶，促进2、3级藤枝萌发，同时将各级藤枝沿棚架顶部舒张固定，加强水肥管理，尽可能让藤枝大量生长。

5. 病虫害防治

病害主要有根腐病和叶斑病。根腐病主要是大田积水引起块茎腐烂，管理上应注意在雨季及时排水，施肥时不要伤到根系。叶斑病普遍发生，对植株整体生长影响较小，一般剪除病叶即可。为了保证嫩芽、嫩尖的品质，生产上尽量不使用农药。

虫害主要有负泥虫、角蝉、螨类、蚜虫、白蚁、蝼蛄、地老虎等。当嫩茎萌发时，负泥虫和角蝉会切断嫩尖和嫩茎，造成减产。2~4月干旱无水灌溉时，螨类和蚜虫大量发生，防治时要每周按时灌溉，保证湿度。防治白蚁，可将灭蚁药撒施在发现的蚁路上，使之带回蚁穴内互相传染中毒死亡，灭杀虫源。其他地下害虫，在中耕施肥时结合用杀虫药剂施入肥料中覆土防治。

6. 采收

1~2月是鲜花采收期，当伞形花序呈球状还未展开时采收最好。采收时，用剪刀将整个花序沿花梗剪下即可。

嫩尖、嫩茎全年都可采收，当幼茎鳞片长3~5厘米且未展开呈苞状时采收最好，此时嫩尖、嫩茎最鲜嫩。采收时，根据藤蔓的长势适当选留2~3个腋芽，促进腋芽的嫩茎萌发，增加产量。

四、应用价值

1. 药用价值

根茎入药。夏、秋季采挖，洗净，晾干。性平，味甘、微苦。有祛风湿、通经络、祛痰止咳之功效，用于风湿痹证、劳伤腰痛、跌打损伤、咳嗽气喘。

2. 营养价值

牛尾菜的嫩茎叶含有蛋白质、脂肪、粗纤维、维生素B族、维生素C、钙、铁、磷、锌等成分。

五、膳食方法

采摘牛尾菜的嫩茎叶，食用口感甜脆，可作汤菜、凉拌和煎炒。

1. 凉拌牛尾菜

食材：牛尾菜的嫩茎叶。

做法：把采摘牛尾菜的嫩茎叶清洗干净，锅中水开后焯烫，捞出沥干备用；大蒜切碎、爆香，加入 2 勺剁椒酱翻拌均匀，将生抽、香醋等调味料加入牛尾菜中拌匀，将爆香的大蒜和剁椒浇在牛尾菜上拌匀，最后浇上热油。

2. 牛尾菜炒三层肉

食材：牛尾菜的嫩茎叶、三层肉。

做法：将牛尾菜的嫩茎叶去杂洗净切段。猪三层肉洗净切片，放碗内，加入精盐、料酒、味精、酱油稍腌。锅烧热，倒入猪肉煸炒至透明，再放入牛尾菜炒至入味，出锅即成。

3. 牛尾菜炒鸡蛋

食材：牛尾菜嫩苗、鸡蛋、葱丝。

做法：将牛尾菜择洗干净，切段备用；将鸡蛋磕入碗内，加入精盐、葱丝、料酒和少许清水调匀。将炒锅置火上，放入熟猪油烧热，倒入鸡蛋液边炒边淋上熟猪油，炒至鸡蛋液半熟，再放入牛尾菜、精盐、味精，炒熟后，装盘。

●学名●
Polygonatum odoratum (Mill.) Druce

玉竹

别名： 尾参、铃铛菜、笔管菜、笔管草、大玉竹、灯笼菜、地管子、地节、狗铃铛、九龙珠、苦铃铛、山玉竹、小叶芦、玉参、玉竹黄精、竹根七、竹节黄、竹叶三七、玉竹参、竹根草

科属： 百合科黄精属

一、形态特征

多年生草本植物。根状茎圆柱形，直径 5~14 毫米。茎高 20~50 厘米，具

7~12 叶。叶互生，椭圆形至卵状矩圆形，先端尖，下面带灰白色，下面脉上平滑至呈乳头状粗糙。花序具 1~4 花（在栽培情况下，可多至 8 朵），总花梗无苞片或有条状披针形苞片；花被黄绿色至白色，花被筒较直；花丝丝状，近平滑至具乳头状突起。浆果蓝黑色，具 7~9 颗种子。花期 5~6 月，果期 7~9 月。

二、生境分布

生林下或山野阴坡。分布于黑龙江、吉林、辽宁、河北、山西、内蒙古、甘肃、青海、山东、河南、湖北、湖南、安徽、江西、江苏、台湾等地。

三、栽培技术

1. 整地

玉竹适宜生长在湿润、土层深厚、土壤疏松的地方。因此，选择土壤深厚、疏松肥沃、排水良好的地块，一般土壤均可种植。选定地块后要进行深翻施肥，深翻 25~30 厘米，每亩施有机肥 2000 千克左右。有大型拖拉机耙平耙细，作宽 1.2~1.5 米，高 20~25 厘米的畦。

2. 种苗

玉竹种苗可分为根茎繁殖和种子繁殖。种子出苗率低、成本高，因此在生产上多用根茎繁殖。

3. 定植

选择芽头大、色泽新鲜、无损伤的根状茎作种。每亩地需种茎约 200 千克。每年在 9 月上旬至 10 月上旬下种，株距为 15 厘米。

4. 田间管理

除草：玉竹出苗后第一次除草可以手拔或浅锄，避免伤苗。二三年生在出苗前先用手耙子将畦上的杂草搂净，后期畦面草少可用手拔出。

追肥：当苗高 5 厘米时应浇人畜粪肥水，每亩 2000 千克，施后要浇水，并要培土 3~5 厘米。每年玉竹在秋季苗倒后，在栽培行间开沟，可加施腐熟的有机肥或者复合肥。

抗旱排涝：在春季如遇持续干旱，有灌溉条件的可进行浇水。夏季连续雨天应及时排水，以防积水烂根造成损失。

5. 病虫害防治

合理轮作，忌连作，防止积水。选用无病虫种茎是防治病害的关键。发病后及时清除病株、病叶，注意田园清洁。

褐斑病：主要为害叶片，发病时叶片会产生褐色的病斑，病斑受叶脉的限制呈条形状，中心部色浅，发展到后期病斑上生出灰黑色霉状物，造成叶片早枯。在5月的上旬开始发病，7~8月发病最严重，直至地上叶片枯萎前均可感染。防治方法：用75%百菌清800倍液叶面喷施防治。

锈病：发病时叶片出现锈黄色或黄色病斑。于6月上旬开始发病。夏季连雨天时发病最为严重。防治方法：用20%三唑酮（粉锈宁）2000倍液喷雾防治。

主要虫害有小地老虎和蛴螬两种。于每年4~5月份发生，幼虫期用新鲜青草撒于田畦边诱捕。

6. 采收

玉竹栽培2~3年收获。将收获的根茎去叶、去土、去须根，洗净晾晒，每晒半天搓揉一次，反复几次至茎内无水硬心为止。

四、应用价值

1. 药用价值

干燥根茎入药。秋季采挖，除去须根，洗净，晒至柔软后，反复揉搓、晾晒至无硬心，晒干；或蒸透后，揉至半透明，晒干。性平，味甘。有养阴润燥、生津止渴之功效，用于肺胃阴伤、燥热咳嗽、咽干口渴、内热消渴。

2. 营养价值

玉竹含有膳食纤维、蛋白质、脂肪、玉竹多糖、维生素、胡萝卜素及钙、铁、磷、锌等营养成分。

五、膳食方法

玉竹的根茎可于3~5月或9~10月采挖，去掉须根，洗净浸泡后蒸食。

1. 玉竹瘦肉汤

食材：鲜玉竹根、猪瘦肉。

做法：把鲜玉竹根清洗干净，切片；猪瘦肉洗净，切片。两者一起放入煲汤，文火 40 分钟左右即可。

2. 玉竹石斛粥

食材：鲜玉竹根、石斛、大枣、粳米。

做法：把鲜玉竹根清洗干净，切片；石斛处理干净，切小段，一起熬 30 分钟，去渣留汁，再加入大枣、粳米一起熬成粥。

3. 银耳玉竹汤

食材：鲜玉竹根、银耳、冰糖。

做法：银耳用清水浸泡至软，洗净，与玉竹、冰糖同入砂锅内加适量清水煮汤。

●学名●
Zingiber mioga (Thunb.) Rosc.

蘘荷

别名：观音花、莲花姜、山姜、土里开花、襄荷、盐藿、羊合七、羊藿、羊藿姜、阳荷、阳荷姜、阳霍、阳藿、野姜、野老姜、郁荷、囊荷、山麻雀、蓑荷、腾荷、阳合、洋合

科属：姜科姜属

一、形态特征

多年生草本。株高 0.5~1 米；根茎淡黄色。叶片披针状椭圆形或线状披针形，叶面无毛，叶背无毛或被稀疏的长柔毛，顶端尾尖；叶柄短或无柄；叶舌膜质，2 裂。穗状花序椭圆形；总花梗被长圆形鳞片状鞘；苞片覆瓦状排列，椭圆形，红绿色，具紫脉；花萼一侧开裂；花冠管较萼长，裂片披针形，淡黄色；唇瓣卵形，3 裂，中部黄色，边缘白色；花药、药隔附属体。果倒卵形，熟时裂成 3 瓣，果皮里面鲜红色；种子黑色，被白色假种皮。花期 8~10 月。

二、生境分布

生长在山谷中阴湿处，多地有栽培。分布于安徽、江苏、浙江、湖南、江西、广东、广西、福建、云南和贵州。

三、栽培技术

1.整地

蘘荷虽然野生性、适生性强，但进行人工栽培时，为获取较高的产量和效益，应选择排灌方便或水利设施易于改良、土层深厚、肥力尚可、土质疏松、具一定植被遮阴度、较为凉爽的缓坡山地、旱地、山边田壤质土地块种植。根据土壤基础肥力状况，结合深翻每亩施农家肥 1500~2000 千克，或食用菌废弃菌棒 2500~3000 千克作基肥，整成 1 米宽的畦。

2. 种苗

蘘荷的种苗来源有 3 种，分株、种子和组织培养。现在生产上一般采用分株法。3 月地下茎开始萌芽抽生时，挖起地下茎，将其分割成每株带有 2~3 个芽苞的苗进行栽种。

3. 定植

3 月中旬，将准备好的种苗，按株行距 50 厘米 × 35 厘米进行定植。下好种，压实，浇足水分，确保种苗成活。

4. 田间管理

加强水肥管理，是蘘荷获得高产的重要保证。根据蘘荷生长对养分的需求规律，每年要施 3~4 次肥。当留桩苗长 10 厘米左右时，结合中耕用农家肥 1000~2000 千克/亩，栽后 10~15 天成活后，用人粪尿 500~750 千克/亩或沼液 1000 千克/亩穴施提苗肥；5 月中下旬叶鞘完全展开时，用商品有机肥 100~125 千克/亩，结合中耕培土施肥 1 次；6 月中旬结合中耕除草，每亩用有机肥 100~125 千克进行第三次追肥，以促进花薹多抽壮长；留桩越冬的，当地上部分枯萎后，于 11~12 月结合清园用农家肥 1000~1500 千克/亩，或商品有机肥 300 千克/亩＋草木灰 500 千克/亩，培土 1 次，以利安全越冬，为翌年高产和培育健壮桩苗奠定基础。

蘘荷喜潮润的土壤环境，遭受干旱或浸渍为害，不仅影响产量，而且对产品品质造成不利影响。因此，在生产过程中，应根据种植地的地理位置和天气状况，及时做好抗旱护苗和排水防渍工作，保持土壤潮润，以利于植株健壮生长而获取高产。

通过地膜覆盖、搭建拱棚覆膜保温等栽培措施，促其早生快发，以延长生长期限或提早采收。

5. 病虫害防治

蘘荷自身有一种独特的气味，有驱虫作用，因此病虫害较少，主要有腐烂病和姜弄蝶两种，但多数田块不常发生。防治腐烂病，在发病初期及时挖除病株，并用生石灰进行撒播。防治姜弄蝶，在幼虫发生初期，用 BT、阿维菌素、高效氯氰菊酯等高效、低毒、低残留的生物和化学农药兑水喷雾。最主要还是要做到加强园区管理，及时清理杂草和病害植株，增加通风。

6. 采收

供食用的可于春季采收嫩茎，夏季采收蕾期嫩花茎，秋季采收花茎及花，秋冬季挖其地下根茎加工成各类菜肴。供药用的可于春末之始采收鲜株，单独或配伍用药，更多的是于晚秋之始采收全株地下根茎、茎叶，晒干装袋后备用。

四、应用价值

1. 药用价值

花入药。花开时采收，鲜用或烘干。性温，味辛。有温肺化饮之功效，用于肺寒咳嗽。

2. 营养价值

蘘荷花含蛋白质、脂肪、粗纤维、维生素，以及铁、锌、硒等多种微量元素和芳香酯等。

五、膳食方法

蘘荷的嫩花洗干净之后，剥去外面的老皮，用刀切成片，无论是凉拌，还是炒食，都是很美味的一道菜。

1. 凉拌蘘荷

食材：蘘荷、皮蛋、香菜、大蒜、白芝麻、白胡椒粉。

做法：把蘘荷、香菜清洗干净，蘘荷切小瓣，香菜切细，皮蛋切丁，大蒜剁成蒜蓉。蘘荷焯水，捞出放大碗里，再加入皮蛋、香菜、大蒜、白芝麻、白胡椒粉及调味品拌匀即可。

2. 毛豆炒蘘荷

食材：蘘荷、毛豆、葱白。

做法：把蘘荷清洗干净，切小瓣；油烧热，先加毛豆翻炒至断生，再加入切好的蘘荷翻炒，最后加入少许白糖、食盐和葱白，炒匀即可。

3. 蘘荷炒鸡蛋

食材：蘘荷、鸡蛋。

做法：襄荷洗净，对半切开，再切成细丝，备用；鸡蛋打散入油锅炒好盛出备用；锅里再加点油，倒入切好的襄荷翻炒，加入适量盐，再倒入炒好的鸡蛋，淋入少许水，翻炒均匀即可。

●学名●
Amomum villosum Lour.

砂仁

别名：春砂仁、阳春砂、阳春砂仁、长泰砂仁、青砂仁、砂果、春砂、春砂花、净砂仁、绿壳砂仁、麻娘、勐腊砂仁、沙仁、缩沙蜜、缩砂、缩砂密、缩砂仁

科属：姜科豆蔻属

一、形态特征

多年生草本。株高 1.5~3 米，茎散生；根茎匍匐地面，节上被褐色膜质鳞片。中部叶片长披针形，上部叶片线形，顶端尾尖，基部近圆形，两面光滑无毛，无柄或近无柄；叶舌半圆形；叶鞘上有略凹陷的方格状网纹。穗状花序椭圆形，总花梗被褐色短绒毛；鳞片膜质，椭圆形，褐色或绿色；苞片披针形，膜质；小苞片管状，一侧有一斜口，膜质，无毛；花萼顶端具 3 浅齿，白色，基部被稀疏柔毛；裂片倒卵状长圆形，白色；唇瓣圆匙形，白色，顶端具 2 裂、反卷、黄色的小尖头，中脉凸起，黄色而染紫红，基部具 2 个紫色的痂状斑，具瓣柄；药隔附属体 3 裂，顶端裂片半圆形，两侧耳状；腺体 2 枚，圆柱形；子房被白色柔毛。蒴果椭圆形，成熟时呈紫红色，干后呈褐色，表面被不分裂或分裂的柔刺；种子为多角形，有浓郁的香气，味苦凉。花期 5~6 月，果期 8~9 月。

二、生境分布

栽培或野生于山地阴湿之处。分布于福建、广东、广西和云南。

三、栽培技术

1. 种苗繁育

根据砂仁繁育特点可以分为种子繁殖和分株繁殖 2 种方式。由于砂仁分株繁殖能力强，目前主要采用分株繁殖。但为满足当前生产发展的需要，也可采用种子育苗和分株繁殖相结合的办法。

种子繁殖：需选择成熟的砂仁种子进行繁殖，忌采用未成熟的种子。选择结果多、粒大、无病的成熟鲜果，进行后熟处理。播种前需用沙子摩擦种皮，至有明显的砂仁香气时止，再用清水漂去杂质，取出种子，稍晾干后播种；也可采用 0.1 克 / 升赤霉素溶液浸泡种子 24 小时进行前处理，提高种子发芽率和出芽率的整齐度。

分株：于春、秋两季在大田或专用苗圃选择生长健壮、结实率高的植株，截取带有 1~2 条匍匐茎和 2~3 个笋芽的当年生植株定植于大田。

2. 田间管理

合理修株：在果实收采后应立即进行修剪枯枝弱苗，以调节群体密度和增加通风透光。修剪时，应把干枯的老叶和弱苗从地面根茎部剪去。修剪后，要求植株分布均匀，有荫蔽条件的，留苗 2 万 ~2.5 万株 / 亩。荫蔽少的秋剪要轻，使老株起到保护幼苗越冬的作用，可留苗 3 万 ~4 万株 / 亩。

清除杂草、落叶：一二年幼龄植株未形成群体，杂草丛生会抑制小苗生长分蘖，必须及时清除。除草要用手拔，以保护匍匐茎。结果期的砂仁园，要求在每年 2~3 月、花芽生长之前，清除枯枝落叶和园地四周的杂草以减少田鼠滋生场所，减少地表给水，防止花果期烂花落果。除草一般在春秋两季各 1 次，与修株施肥相结合。

调整荫蔽度：种植后 1~2 年荫蔽度为 70%~80%；进入开花结实年龄，荫蔽度以 50%~60% 为宜，但保水力差或缺水源的地段仍应保持 70% 左右的荫蔽度。荫蔽度过大，砂仁苗细弱、稀疏，叶色较浅，花果少；荫蔽度过少或无荫蔽度，砂仁苗枯黄，植株矮小，叶片容易引起日灼病。因此，适当实时调整荫蔽度，满足砂仁生长发育对光照的需求。

施肥培土：施肥的时机应在8~10月采果之后，这样可使冬前幼苗迅速成长。3月抽花蕾前也要施1次肥，以提高结实率。砂仁施肥更为关键的是掌握好施肥时机，培土一般在秋季摘果除草后进行，将土撒在砂仁窝边，借雨水将泥冲下，窝中间可撒些土，培土不要过多，以不覆没匍匐茎为宜。

防旱排涝：要根据植株不同生长发育阶段对水分的不同要求进行适当的灌水和排水，做到防旱排涝保丰收。开花期和幼果形成期要求土壤湿润，空气相对湿度在80%以上，才较有利于开花、授粉、结果，如遇干旱，应及时淋水抗旱。但如花期雨水过多，则应将砂仁植株十几株为一束捆起来，以利通风透光，蒸发水分，减少烂花。果期和果实成熟期要求土壤含水量少些，如雨水过多则易造成烂果。

人工辅助授粉：由于砂仁的花结构特殊，雄蕊的花药在雌蕊的柱头之下，雌蕊的药柱嵌生于2个药室的沟内，柱头稍高于花药，花粉很难落到柱头上，因而不能自花授粉，必须采用人工授粉。授粉时间从花朵散粉至凋谢为止，宜8：00~10：00，阴雨天授粉时间则相应推迟，每个花序授粉4~5朵即可，因为结实过多，会造成营养不足，使果实变小或易落果。

3. 鼠害及病虫害防治

果实进入成熟期，易受田鼠危害，特别是杂草丛生乱石多的地方，鼠兽经常出没，果实受害较严重。因此，平时应清除田间杂草，堵塞洞穴，使鼠、蛇无藏身之处。在早春修剪枝叶后，可设毒饵诱杀老鼠，因早春田野食物少，故效果大，还可在小果形成期再毒杀1次（果实成熟期禁用）。

叶斑病：发病初期叶片呈水渍状，病斑无明显边缘，后全株干枯死亡。一般在少风、多雨、多雾天气，以及荫蔽、通风不良的地方发病多。防治方法：注意苗床通风透光，降低湿度；清洁苗床，并及时烧毁病株；多施磷钾肥增强幼苗抗病力；可用百菌清800倍液，于发病初期每7天喷洒1次，一般连续喷药3~4次，即能有效地控制病害发展。

茎腐病和果腐病：在平原地区的高温、多雨季节，如植株过密、通风透光较差及排水不良的情况下，容易发生这2种病。防治方法：雨季注意排水，春季割苗开行，增加通风透光，花果期特别是幼果期控制氮肥；秋季收果后和春季3月，各施1次石灰和草木灰 [1 :（2~3）]，30~40千克/亩，以增强植株抗病、抗寒力。

钻心虫：在管理粗放、生长势衰弱的老砂仁园，幼笋钻心虫为害较严重，被害率可达40%~60%。被害的幼笋尖端干枯，后致死亡。防治方法：加强水肥管理，恢复砂仁群体生长势，促使植株健壮，减少钻心虫危害。

4.采收

砂仁种植后3年便开花结果，果实的成熟时期因各地种植的气候不同而不同，一般于立秋至处暑前后收获。果实由鲜红色转为紫红色，果肉呈荔枝肉状，种子由白色变为褐色或黑色，用嘴嚼之有浓烈辛辣味，即为成熟果实。老产区一般在9月底至10月初成熟，平原地区相应会早些。采收时，要组织人力分片采收干净，用小刀或剪刀将果序剪下，不宜用手摘，以免把匍匐茎皮撕破，造成伤口，引发病害，并应避免踩伤匍匐茎和碰伤幼苗。

四、应用价值

1.药用价值

干燥成熟果实入药。夏、秋二季果实成熟时采收，晒干或低温干燥。性温，味辛。有化湿开胃、温脾止泻、理气安胎之功效，用于湿浊中阻、脘痞不饥、脾胃虚寒、呕吐泄泻、妊娠恶阻、胎动不安。

2.营养价值

砂仁含有蛋白质、脂肪、碳水化合物、维生素、胡萝卜素及锌、铜、锰、钴、铬等。

五、膳食方法

砂仁可以用来泡水、煲汤、煮粥、佐菜，如砂仁肉桂粥、砂仁三香猪肚汤、盐砂仁等。

1.砂仁粥

食材：砂仁、大米。

做法：砂仁捣碎备用。大米洗净，煮粥，粥将成时调入砂仁末即可。

2. 砂仁豆腐炒鱼头

食材：砂仁、鲤鱼头、豆腐、冬菇、火腿、葱、姜、胡椒粉。

做法：砂仁研成细粉，鲤鱼头洗净并去鳃，豆腐切块，冬菇洗净切片，火腿切片，葱切段，姜拍松。将鱼头放入炖锅内，加入砂仁粉、葱、姜、火腿、冬菇、料酒、盐，置中火上炖 25 分钟后放入豆腐，再煮 10 分钟，撒入胡椒粉即可。

3. 砂仁焖猪肚

食材：砂仁、猪肚。

做法：将猪肚反复漂洗干净，砂仁洗净并打碎。把砂仁放入猪肚内，起油锅，用生姜片爆香猪肚，加水煮沸，去沫调味，文火焖熟，下花椒、胡椒粉、葱花，略焖，去砂仁，猪肚切条即可。

4. 砂仁蒸鸡

食材：砂仁、鸡肉、枸杞、葱、姜。

做法：鸡肉剁块焯水，砂仁研磨成粉。鸡肉入锅，加葱、姜、枸杞、料酒，再均匀撒上砂仁，放蒸锅蒸半小时即可。

兰科

●学名●
Anoectochilus roxburghii (Wall.) Lindl.

金线兰

别名：花叶开唇兰、花叶兰、金丝线、金线风、金线莲、保亭金线兰、补血七、金钱兰、金钱莲、金线枫、开唇兰、筒瓣兰、叶花开唇兰、银线兰

科属：兰科开唇兰属

一、形态特征

　　多年生草本植物。植株高 8~18 厘米，根状茎匍匐，伸长，肉质，具节，节上生根。茎直立，肉质，圆柱形，具 2~4 枚叶。叶片卵圆形或卵形，上面暗紫色或黑紫色，具金红色带有绢丝光泽的美丽网脉，背面淡紫红色，先端近急尖或稍钝，基部近截形或圆形，骤狭成柄；叶柄基部扩大成抱茎的鞘。总状花序具 2~6 朵花；花序轴淡红色，和花序梗均被柔毛，花序梗具 2~3 枚鞘苞片；花苞片淡红色，卵状披针形或披针形，先端长渐尖，长约为子房长的 2/3；子房长圆柱形，不扭转，被柔毛；花白色或淡红色，不倒置（唇瓣位于上方）；萼片背面被柔毛，中萼片卵形，凹陷呈舟状，先端渐尖，与花瓣粘合呈兜状；侧萼片张开，偏斜的近长圆形或长圆状椭圆形，先端稍尖。花瓣质地薄，近镰刀状，与中萼片等长；唇瓣呈 Y 字形，基部具圆锥状距，前部扩大并 2 裂，其裂片近长圆形或近楔状长圆形，全缘，先端钝，其两侧各具 6~8 条的流苏状细裂条，上举指向唇瓣，末端 2 浅裂，内侧在靠近距口处具 2 枚肉质的胼胝体；蕊柱短，前面两侧各具 1 枚宽、片状的附属物；花药卵形；蕊喙直立，叉状 2 裂；柱头 2 个，离生，位于蕊喙基部两侧。花期 8~12 月。

二、分布区域

　　生长于常绿阔叶林下或沟谷阴湿处。分布于浙江、江西、福建、湖南、广东、海南、广西、四川、云南、西藏东南部（墨脱）。

三、栽培技术

1. 设施条件

人工栽培需要搭建钢架大棚，大棚南北走向，棚长 25~30 米，宽 15~20 米，棚高 5~6 米，肩高 3~3.5 米，棚顶及四周先覆盖薄膜再盖上遮阳网，便于人工控制棚内温度、光照、湿度，应安装抽风机、水帘系统及微喷灌系统。

2. 栽培基质选择

人工栽培通常按泥炭土：谷壳：细沙 =10：1：1 配置栽培基质。种植前对栽培基质进行日晒消毒，随后每 100 千克栽培基质中加入 5~7.5 千克熟石灰或适量的 50% 多菌灵可湿性粉剂拌匀。

3. 合理密植

为促进个体充分发育，实现最高群体产量，按株行距 2 厘米 ×5 厘米种植，每个种植托盘（25 厘米 ×45 厘米）移栽 140~150 株；种植前种苗用清水洗净，栽植时深度掌握在 1 厘米左右，忌深栽，栽后用 45% 甲霜·恶霉灵可湿性粉剂 800~1000 倍液喷洒。

4. 温湿度控制

人工栽培金线兰，克服夏季高温危害是栽培成功的关键，要求温度控制在 20~27℃，如果温度偏高，可以采取相应的措施降温：选择高海拔地栽培；选择林木茂盛的树荫下潮湿地栽培；采用抽风机通风降温；采用遮阳网降温；采用喷雾降温；采用水帘降温。冬季气温低于 5℃时，金线兰停止生长，可采用覆盖薄膜、草帘等措施保温，促进生长。

土壤含水量在 25%~40%，空气相对湿度在 70%~80% 较为适宜金线兰的生长。控制湿度的措施有：选择林木茂盛的树阴下潮湿地栽培；旱季及时浇水，雨季及时排水；采用微喷灌系统供水、保湿；采用抽风机通风降湿；采用喷雾保湿。

5. 防治病虫害

金线兰病害发生大多由高温多湿、通风不良、光照不足等引发。炎热的夏季金线兰易发生茎枯病，春末、夏初易发生猝倒病、立枯病。常见虫害主要有小地老虎、蜗牛、蛞蝓等。

茎枯病的防治方法：生长期视病情 5~14 天防治 1 次，多雨季节应加强防治，雨后要重防，可用 70% 甲基硫菌灵（甲基托布津）可湿性粉剂 600 倍液，50% 多菌灵超微可湿性粉剂 500 倍液等。

猝倒病的防治方法：在该病常发的区域，需选好园地种植；幼苗生长衰弱、徒长或受伤，易受病菌侵染，应加强栽培管理；基质浇水以"不干不浇"为原则，栽培基质不宜过湿，过湿易导致茎腐病；用 75% 百菌清可湿性粉剂 600 倍液，或 50% 多菌灵可湿性粉剂 600 倍液喷洒，见零星病苗就应喷药，以提高防治效果，每隔 7~10 天喷 1 次，连喷 2~3 次。

红蜘蛛的防治方法：在栽培管理上要适时灌水，增加田间湿度，促进植物健壮生长，控制螨类发生蔓延；红蜘蛛发生为害初期至若螨始盛期是防治的最佳时间，使用杀螨剂 2~3 次，防治间隔期 5~7 天。

蜗牛、蛞蝓的防治方法：蜗牛和蛞蝓喜湿怕干旱，保持棚内清洁和加强通风可减少蜗牛和蛞蝓的数量；在地面撒些石灰，或在花架的上撒些 90% 敌百虫药粉。

6. 采收

种苗移栽 4 个月以后、植株高 10~15 厘米以上、具 5~6 片叶、叶宽 2~2.5 厘米、叶长 3~3.5 厘米、叶背呈紫红色、叶面金黄脉网明显、茎呈绿色时即可采收。采收时抖净根部泥土，再用清水洗净植株，置于塑料筐中沥干，之后晒干或烘干。

四、应用价值

1. 药用价值

全草入药。夏、秋季采收，鲜用或晒干。性凉，味甘。有清热凉血、除湿解毒之功效，用于肺热咳嗽、肺结核咯血、尿血、小儿惊风、破伤风、肾炎水肿、风湿痹痛、跌打损伤、毒蛇咬伤。

2. 营养价值

金线兰含有糖类成分、牛磺酸、强心苷、酯类、生物碱、甾体、多种氨基酸、微量元素和矿质元素。

五、膳食方法

金线兰全草可为食用，最主要用来煲汤，有较强的适口性及风味。

1. 金线兰炖瘦肉

食材：金线兰干品、瘦猪肉、米酒。

做法：把金线兰干品洗净，先用清水泡 10 分钟，再加入剁成泥的瘦猪肉，炖 1 小时，冲入米酒适量即可。

2. 金线兰猪心汤

食材：鲜金线兰、猪心。

做法：把鲜金线兰去头，清水洗净，猪心处理干净，一起放入炖锅中炖 1 小时即可。

3. 金线兰鸽汤

食材：鲜金线兰、鸽子、枸杞。

材料：把鲜金线兰去头，清水洗净，鸽子杀完处理干净，一起放入炖锅中炖 1 小时，加入枸杞再炖 5 分钟即可。

●学名●
Dendrobium catenatum Lindley

铁皮石斛

别名： 黑节草、云南铁皮、黑节草、枫斗、铁皮、铁皮斗、黑节石斛、铁皮石槲、细黄草

科属： 兰科石斛属

一、形态特征

多年生草本植物。茎直立，圆柱形，长 9~35 厘米，粗 2~4 毫米，不分枝，具多节，常在中部以上互生 3~5 枚叶。叶二列，纸质，长圆状披针形，先端钝

且钩转，基部下延为抱茎的鞘，边缘和中肋常带淡紫色；叶鞘常具紫斑，老时其上缘与茎松离而张开，并且与节留下 1 个环状铁青的间隙。总状花序常从落了叶的老茎上部发出，具 2~3 朵花；基部具 2~3 枚短鞘；花序轴回折状弯曲；花苞片干膜质，浅白色，卵形，先端稍钝；萼片和花瓣黄绿色，近相似，长圆状披针形，先端锐尖，具 5 条脉；侧萼片基部较宽阔；萼囊圆锥形，末端圆形；唇瓣白色，基部具 1 个绿色或黄色的胼胝体，卵状披针形，比萼片稍短，中部反折，先端急尖，不裂或不明显 3 裂，中部以下两侧具紫红色条纹，边缘波状；唇盘密布细乳突状的毛，并且在中部以上具 1 个紫红色斑块；蕊柱黄绿色，先端两侧各具 1 个紫点；蕊柱足黄绿色带紫红色条纹，疏生毛；药帽白色，长卵状三角形，顶端近锐尖并且 2 裂。花期 3~6 月。

二、生境分布

生于山地半阴湿的岩石上。分布于安徽、浙江、福建、云南等地。

三、栽培技术

1. 栽培基质的准备和选苗

铁皮石斛的根是气生根，有浅根性与好气性。因此，宜采用既能吸水又能排水，既能透气又有养分的基质，如树皮、水苔、碎砖、原木、蕨根石灰岩等。铁皮石斛移栽前先用 0.4% 高锰酸钾对基质进行全面均匀的喷洒消毒。

从大棚内自然光下培养 20 天左右的瓶苗中选取健壮的组培苗，即茎以粗壮、呈深绿色的为佳，中径不小于 3 毫米，长有 4~5 片叶，叶色正常，根长 2~3 厘米，幼根不少于 3 条，一般浅绿色的幼苗不宜栽植。

2. 移栽时间与方法

春、夏、秋均可进行移栽。最佳时间段在 3 月中旬至 6 月中旬与 9 月上旬至 11 月下旬，尤其夏季高温多雨高湿，最易成活。在日平均气温在 15~30℃时最佳，过高或过低的气温不宜出瓶移栽。在移栽时用小木棍在基质插个洞穴，把石斛的根放入洞穴并将基质覆盖上，做到"浅不露根，深不埋头"的种植原则。对那些有裸根苗和少根苗的进行分开种植，以便于管理。

3. 栽培管理

温度管理：铁皮石斛生长适宜温度为 20~30℃。夏季温度高时，大棚内应进行通风散热，利用喷雾来降温保湿，每天喷雾 3~5 次，每次 2~4 分钟；采用智能温室进行全方位的自动化温度控制，通过湿帘系统和风机使其达到石斛所需要的生长温度。冬季气温低时，晚间将保温膜放下来，以防冻伤石斛苗。

湿度管理：由于铁皮石斛膜质叶的水分蒸腾率和吸收水蒸气的能力都很强，在苗床上的铁皮石斛，晴天喷雾次数宜多，一般空气相对湿度保持在 90% 左右最佳，温湿度传感器采集到数据通过湿帘系统将空气相对湿度保持在 70%~80%。

光照管理：根据实践研究出铁皮石斛最适宜生长和增产的光照强度为 2000~20000 勒，随着季节气候的变化，通过遮阳系统进行自动调节。在夏季遮光 60%~70%，秋季遮光 50%，冬季不需遮光，避免光照不足而造成铁皮石斛的假鳞茎生长细弱。

水分管理：铁皮石斛在生长过程中，要经常检查基质里的水分，发现基质快干而未完全干透时进行喷雾使其叶片保持湿润。随着季节的变化，水分的把控很重要，在早春每 7 天浇一次水，4~5 月气温有回升，石斛新芽开始旺盛生长可增加浇水量，每 3~6 天浇一次水。在夏、秋季浇水时间一般在 9：00~11：00 为宜。冬季，温度低于 10℃ 以下不可浇水，因为石斛进入休眠期。

施肥管理：铁皮石斛施肥以施用氮、磷、钾复合肥为主，如尿素：过磷酸钙：氯化钾 =1：1：1 或尿素与磷酸二氢钾各半，对于移栽期间的石斛施肥以叶面肥为主，叶面肥可选择磷酸二氢钾、硝酸钾等，移栽后一周植株新根发生后就可以喷施叶面肥，6~8 天喷 1 次，连续喷 3 次。在春季和秋季施缓效性肥，平时用水溶性液体肥料，坚持以薄肥多施为原则，以防出现烧根现象。

4. 病虫害及防治

铁皮石斛在病虫害防治中，要以"预防为主，综合治理"的原则，采用综合防治措施，主要需结合日常管理来进行。

石斛的叶锈病发生在 7~9 月。防治方法：苗床上的石斛应保持通风透气；严重时，用三唑酮（粉锈宁）800 倍液进行防治，每周 1 次，连续喷洒 3 次，以防病情迅速蔓延。在发生初期或未发病前，可每月喷洒 1 次药液预防。

软腐病通常侵害铁皮石斛的叶片、芽、鳞茎，从春季到秋季都会发生，冬天较少见。防治方法：普通农药对软腐病无效，主要采取预防措施，尽早防治。可采用春雷霉素可湿性粉剂 800 倍液进行防治。

红蜘蛛：全面清除周边环境的杂草或喷 600~1000 倍低毒杀螨剂进行全面防治。

菲盾蚧：寄生于植株叶片边缘或背面吸食汁液，将感染菲盾蚧的石斛老枝烧毁。

蜗牛：为害石斛新发的嫩叶、幼茎、花蕾和幼果。可用毒饵诱杀或人工捕杀进行防治。

5. 采收

采收的时间要把握好，一般在茎条的叶片自然掉落时就可以准备采收，叶片刚刚落光或茎尖留有 1~2 片叶片的时候就是铁皮石斛最好的采收时期。

四、应用价值

1. 药用价值

茎入药。11 月至翌年的 3 月采收，清洗茎部的泥沙，去掉叶片及须根，晾干或烘干。性微寒，味甘。有养阴益胃、生津止渴之功效，用于阴伤津亏、口干烦渴、食少干呕、病后虚热、目暗不明。

2. 营养价值

铁皮石斛内含有石斛碱、石斛胺、石斛次碱、石斛星碱、石斛因碱、多糖、微量元素及氨基酸等。

五、膳食方法

铁皮石斛可以直接鲜食，也可以用来煲汤、浸酒、泡茶等。

1. 石斛沙参炖猪肉

食材：石斛、沙参、麦冬、瘦猪肉、无花果。

做法：把瘦猪肉洗净并切成块，将所有材料放入炖锅中，加入沸水一碗半，用水炖。先用大火炖 30 分钟，改用中火炖 50 分钟，再用小火炖一个半小时，最后加入熟油、盐和味精调味。

2. 花旗参炖石斛

食材：石斛、花旗参、蜜枣、猪肉或去皮鸡肉。

做法：把石斛、花旗参、蜜枣洗净，与瘦猪肉或去皮鸡肉放入炖锅中，加入清水慢炖 2 小时，食之前调味即可。

3. 石斛苦螺汤

食材：石斛、猪脊肉、苦螺。

做法：将苦螺吐泥，洗净，猪脊肉切成丝，过水一下，再将石斛、苦螺、猪脊肉一起在炖锅中煮开，炖 1 小时左右，放入适量盐即可。

●学名●
Pholidota chinensis Lindl.

石仙桃

别名： 石山莲、石橄榄、大吊兰、果上叶、马榴根、上石仙桃、石莲、石上莲、石上仙桃、圆柱石仙桃、中华石仙桃、薄叶石橄榄、大号石橄榄、石仙兰、双叶石橄榄、小扣子兰、叶下果、箴兰

科属： 兰科石仙桃属

一、形态特征

多年生草本植物。根状茎通常较粗壮，匍匐，直径 3~8 毫米或更粗，具较密的节和较多的根，短距离生假鳞茎；假鳞茎狭卵状长圆形，大小变化甚大，基部收狭成柄状；柄在老假鳞茎尤为明显。叶 2 枚，生于假鳞茎顶端，倒卵状椭圆形、倒披针状椭圆形至近长圆形，先端渐尖、急尖或近短尾状，具 3 条较明显的脉，干后多少带黑色。花葶生于幼嫩假鳞茎顶端，发出时其基部连同幼叶均为鞘所包；总状花序常多少外弯，具数朵至 20 余朵花；花序轴稍左右曲折；花苞片长圆形至宽卵形，常多少对折，宿存，至少在花凋谢时不脱落；花白色

或带浅黄色；中萼片椭圆形或卵状椭圆形，凹陷成舟状，背面略有龙骨状突起；侧萼片卵状披针形，略狭于中萼片，具较明显的龙骨状突起。花瓣披针形，背面略有龙骨状突起；唇瓣轮廓近宽卵形，略3裂，下半部凹陷成半球形的囊，囊两侧各有1个半圆形的侧裂片，前方的中裂片卵圆形，先端具短尖，囊内无附属物；蕊柱中部以上具翅，翅围绕药床；蕊喙宽舌状。蒴果倒卵状椭圆形，有6棱，3个棱上有狭翅。花期4~5月，果期9月至翌年1月。

二、生境分布

生于林中或林缘树上、岩壁上或岩石上。分布于浙江、福建、广东、海南、广西、贵州、云南和西藏等地。

三、栽培技术

1. 基质

石仙桃为附生性兰科植物，野生环境中裸露的根系附着于树上、岩壁上，根系周围基本没有土壤，经常伴有苔藓、枯叶等杂物，这些杂物有利于裸露的根系保湿。

根据其自然生长特性，人工设施栽培所用基质宜选用通风透气的，以粉碎的树皮为佳。树皮经粉碎后，在种植前应充分浸润，然后于太阳下暴晒，并经常翻动，保证树皮均能被晒到，连续暴晒1周后，再堆置一起；并且补充水分，使树皮保持尽可能多的水分，堆置1周左右进行栽培。若未及时种植，7天左右需将树皮堆进行翻堆。切忌种植于土壤及其他不透气的材料中。在自然环境中种植无需额外添加基质。

2. 育苗

石仙桃的种苗可以通过组培、根状茎分支等方式繁育。

组培苗：利用石仙桃的种子、根状茎上的芽等部位作为外植体，以MS作为基本培养基，可以在短时间内生产大量的种苗，满足生产对种苗的需求，是解决种苗短缺的有效途径之一。但组培需要一定的技术，且成本较高，难以在普通的药农中推广和应用。组培苗在种植时需炼苗，然后从组培瓶中掏出，用清水冲洗掉所有的培养基，放置备用。

分支苗：石仙桃有横向爬地生长的根状茎，根状茎上着生假鳞茎和根系，同时其上有顶芽和侧芽。顶芽位于根状茎的顶端，通常处于发育和生长状态，而其他部位有多个侧芽，多处于休眠状态。把根状茎剪断后，根状茎上休眠的侧芽则可萌发，进而形成一个完整的植株。根状茎分枝繁殖是经济、实用的繁殖途径，但此方法需要较多的野生资源，繁殖系数低，难以在短时间内解决大面积栽培需求。通常将根状茎剪切成带有 2 个假鳞茎的小段，即每隔 2 个假鳞茎在其中间剪断，然后剪去假鳞茎上的叶片及根状茎上部分老根系，即形成种苗，放置备用。

3. 定植

定植时间：一般在每年的 2~6 月进行，此时温度逐渐回升，并且雨水多、湿度大，新芽、新根生长力强。

栽培方法：将准备好的树皮装框，然后把小苗按照一定的密度种植到树皮中。若种植的是组培苗，植株较小，并且假鳞茎嫩、弱，极容易受伤，在种植时要轻运、轻拿、轻种、轻放，减少对植株的损伤。而若是野生苗，植株较大、表皮较厚，则种植相对容易。种植密度根据苗的大小而定。若苗较小，可以适当密植；若苗较大，则应种植较疏，从而提高单位面积的利用率。刚开始种植的幼苗，由于植株幼小、对外界抵抗力差等因素，应在人工栽植的环境中种 2年左右后再移植到野外环境中，用绳子、钉子等材料固定在树皮上或岩石缝隙中，种植密度因地而异。由于石仙桃的根状茎有地面匍匐生长的特性，因此种植不宜太深，只要能把植株固定即可，有利于根状茎顶端芽萌发和生长。

4. 栽培管理

环境条件：石仙桃在生长过程中应加强水分、光照、通风等环境因素的控制与管理。石仙桃喜湿度大的环境，应在溪边或水田边等湿度大的地方种植。忌强光照，尤其是在人为环境下，晴天正午最强的光照强度最好不要超过12000 勒克斯。石仙桃忌闷热又怕严寒，尤其是夏季，正午温度最好不要超过30℃；冬季气温低于 5℃时，应加强保温措施，防止冻伤和冻死。

肥水管理：由于石仙桃生长极其缓慢，主分枝每年仅长 1 个假鳞茎，因此所需的养分较少，通常不需追施化肥。生长旺季，可随灌水浇施腐熟的有机肥液，浓度应控制 0.5% 以下，切忌浓度较高，造成烧苗。而在野外种植的情况下，通常不需施用任何肥料。应加强水分管理，尤其是在人工建造的大棚等设施环境下，通风与高湿度是难以协调的两个方面，即大棚内的湿度高时通常通风不良；而通风良好的大棚，湿度情况又不理想。因此应在通风良好的情况下，尽量增加栽培环境中的湿度。浇水宜小水浇且浇透，尤其是用树皮作为栽培基质时，由于树皮的互相遮挡，虽然看到栽培盘底部滴水，但栽培盘中的基质经常处于干燥状态，因此可能出现刚浇过水就干旱的现象。同时也应注意浇水时间，通常正午不浇水，尤其是在炎热的夏天，宜早晚浇水。

5. 病虫害防治

石仙桃的病虫害防治应采用综合防治的策略，并且要做到预防为主。若栽培环境条件控制较好，石仙桃的病虫害较少，通常不需要喷药防治。但有两种情况应加强管理：小苗刚栽培时，尤其是组培苗，若管理不善，病虫害会比较多；正常生长环境条件下的石仙桃一年四季均无生理休眠现象，但有时遇到高温、低温等不利的环境条件时，植株的叶片会迅速脱落，进入生理休眠状态，此时应及时调节环境条件，否则会发生病害，甚至死亡等现象。

设施栽培若通风不良，则叶斑病等病害易发生，应加强通风，降低环境中的湿度，从而控制病害的流行。病害严重时可以喷广谱药剂如多菌灵等农药进行防治。

6. 采收

栽培 3 年左右，每株带有饱满的假鳞茎 5 个左右时即可整株采收。如果利用组培苗种植，由于在组培瓶中所形成的假鳞茎比较微小，种植到田间后，新生的假鳞茎逐步长大，原有的假鳞茎几乎不会进一步发育长大，因此需延长采收年限，否则假鳞茎的体积和重量均较小，影响产量。采收完后可鲜用或烘干。

四、应用价值

1. 药用价值

假鳞茎或全草入药。秋季采收，鲜用，或以开水烫过晒干用。性凉，味甘、微苦。有养阴润肺、清热解毒、利湿、消瘀之功效，用于肺热咳嗽、咳血、吐血、眩晕、头痛、梦遗、咽喉肿痛、风湿疼痛、湿热浮肿、痢疾、疳积、瘰疬、跌打损伤。

2. 营养价值

石仙桃中富含皂苷、多种糖类、氨基酸及维生素。

五、膳食方法

采摘石仙桃全草用来煲汤，是一种民间流行的保健、美容、四季皆宜的药膳。

1. 石仙桃猪肺汤

食材：石仙桃鲜品、党参、猪肺、瘦肉、生姜。

做法：把石仙桃清洗干净，摘除老叶和须根；猪肺注水充满肺叶，再挤压两侧肺叶排出废水，反复数次直至废水变清、猪肺变白显半透明状，切大块。炒锅内放入猪肺，不放油大火翻炒，炒至猪肺收缩成小块；汤锅中加入适量清水煮沸，放入所有材料，武火煮沸后转文火煲40分钟，食用前调味即可。

2. 石仙桃百合煲鸡

食材：石仙桃鲜品、鲜百合、红枣、鸡、生姜。

做法：将新鲜石仙桃摘除老叶挑选，清洗干净；鲜百合掰开清洗；鸡去皮，生姜切片。所有食材一起下瓦锅，加水，大火转小火煮1.5小时后下盐调味即可。

3. 石仙桃猪肚汤

食材：石仙桃鲜品、猪肚、龙骨、姜片、枸杞、红酒。

做法：用粗盐、生粉反复揉洗猪肚，处理干净，汆水后切细条；新鲜石仙桃摘除老叶，清洗干净。把石仙桃和猪肚、龙骨、枸杞、姜片一起用砂锅煲45~60分钟，调味即可。

【1】杨逢春.热带蕨类植物专题（六）栎叶槲蕨的栽培管理 [J].中国花卉园艺，2009(6):20~21.

【2】王振学，史红志，冉茂全.鱼腥草绿色高产栽培管理技术 [J].农村新技术，2021(12):8~10.

【3】张建华，罗春燕，庞良玉.桑树的栽培和利用 [J].四川农业科技，2011(8):32~33.

【4】钟小清，徐鸿华，陈安琴.五指毛桃栽培技术 [J].中药研究与信息，2000(7):17~43.

【5】钱洪璋，张必怀.沿海地区苎麻栽培技术总结 [J].中国麻业，1989(2):36~38.

【6】慈昌发，徐汝莹.杂交酸模的栽培技术与病虫害防治 [J].中国农村科技，1999(5):9.

【7】张雪华.羊蹄的栽培技术 [J].黑龙江畜牧兽医，1980(05):29~31.

【8】孙伟.虎杖栽培技术 [J].特种经济动植物，2005(04):25.

【9】杨永春.野菜灰灰菜人工栽培技术 [J].科学种养，2020(4):33.

【10】张子清.西洋菜无公害高产栽培技术研究 [J].农家科技，2020(3):37~39.

【11】樊志新.野苋菜人工种植及产地深加工技术 [J].现代农村科技，2020(8):31.

【12】金彦文.野苋菜的人工栽培技术 [J].河北农业科技，2002(1):9.

【13】柯斧，张百忍，闫琴，等. 野生苋菜栽培技术研究 [J]. 陕西农业科学，2009(5):231~232.

【14】杨兆祥，刘艳华，王丽芳，等. 药食兼用植物番杏的栽培技术 [J]. 现代农业研究，2011(6):24.

【15】李洪波. 马齿苋的栽培及病虫害防治 [J]. 吉林农业，2004(7):28~29.

【16】何永梅，李建国. 土人参人工高产高效栽培技术 [J]. 四川农业科技，2010(1):36.

【17】李静，邓正春，吴仁明，等. 藤三七的特征特性及优质丰产技术 [J]. 作物研究，2014(6):698~699.

【18】白宏锋，朱慧荣. 野生蔬菜壶瓶碎米荠的栽培技术 [J]. 中国农业信息，2005(1):32.

【19】田连福，代剑平，陈良碧. 野生蔬菜壶瓶碎米荠异地栽培生物学特性及营养成分分析 [J]. 生命科学研究，2003(2):167~171.

【20】顾雪明，袁春新，程玉静，等. 刍议特色蔬菜荠菜的价值及其研究意义 [J]. 蔬菜，2020(06):30~35.

【21】刘建平. 荠菜的特征特性及高产栽培技术 [J]. 现代农业科技，2010(10):2.

【22】骆文福. 印度蔊菜栽培技术 [J]. 四川农业科技，2003(10):16~17.

【23】马成亮. 风花菜的栽培 [J]. 特种经济动植物，2004(4):38.

【24】周小平. 费菜栽培技术 [J]. 农村实用技术，2005(5):14.

【25】卢哲理. 虎尾轮栽培管理技术 [J]. 东南园艺，2015(1):67~68.

【26】王立飞. 冬寒菜栽培技术 [J]. 辽宁农业职业技术学院学报，2012(5):13~14.

【27】谭文赤. 葛根高产栽培技术 [J]. 新农业，2020(1):22~23.

【28】周树忠，范建新，秦夏杰. 牛大力育苗及高效栽培技术 [J]. 现代农业科技，2019(14):80~81.

【29】李裕军，陆仁胜. 黄花倒水莲原生态栽培技术 [J]. 农业与技术，2018(17):113~114.

【30】刘文萍，肖忠清，胡冬初. 食用木槿花的栽培 [J]. 中国林业，

2011(14):56.

【31】张红梅，张桂然．盆栽昙花栽培技术 [J]．现代农村科技，2017(5):47~48.

【32】陈向东．林下种植风柜斗草的技术与效益分析 [J]．乡村科技，2016(30):16~18.

【33】刘克龙，杜一新，梁碧元．天胡荽人工栽培技术 [J]．现代农业科技，2008(14):51~53.

【34】罗丽．柳叶马鞭草的栽培管理技术 [J]．园艺与种苗，2018(3):13~15.

【35】刘群．药用植物益母草规范高产栽培技术 [J]．现代农业，2009(12):1.

【36】张天柱．名稀特野蔬菜栽培技术 [M]．北京：中国轻工业出版社，2011:248~249.

【37】赵淑芹．甘露子特征特性及优质高产栽培技术 [J]．中国农技推广，2019(4):53~54.

【38】赖正锋，张少平，李跃森，等．南方菜用枸杞周年栽培技术 [J]．中国蔬菜，2013(17):63~64.

【39】陈显双．狗肝菜及其栽培技术 [J]．当代蔬菜，2006(5):41~42.

【40】敖礼林．车前草优质增效栽培关键技术 [J]．科学种养，2019(10):23~24.

【41】罗新华，陈瑞云．巴戟天栽培技术 [J]．福建农业，2010(8):20~21.

【42】陈新华．败酱草（苦菜）人工栽培技术 [J]．中国蔬菜，2002(4):2.

【43】许小栓．绞股蓝栽培和加工技术 [J]．安徽林业科技，2013(5):72~73.

【44】吴正星，岩糯香，黄琪涵．野生绞股蓝栽培 [J]．云南农业，2014(1):70.

【45】江晓佟．福建省佛手瓜栽培技术要点 [J]．漳州职业技术学院学报，2022(01):94~98.

【46】张晓青，韩琪，魏国平，等．菊科几种野菜的营养价值与种植技术 [J]．江苏农业科学，2016(3):174~176.

【47】顾海科，刘桂君，宋梅芳，等．艾草标准化人工栽培技术 [J]．现代农业科技，2018(4):89~90.

【48】刘静梅．艾草种植技术 [J]．现代农村科技，2018(5):14.

【49】蒲素．鬼针草品种与培育 [J]．中国花卉园艺，2018(10):49.

【50】钟爱清，罗辉.药用大蓟栽培技术 [J].福建农业科技，2017(4):33~34.

【51】周建国，何华阳.马兰绿色栽培技术 [J].新农村 (黑龙江)，2017(5):24~25.

【52】孙怀志，张文海，林春华，等.野生蔬菜——牛膝菊 [J].长江蔬菜，2002(12):12.

【53】张少平，徐强，张帅，等.药食同源蔬菜——白子菜 [J].蔬菜，2016(8):74~75.

【54】杨暹，刘厚诚.白子菜的特征特性及栽培技术 [J].广东农业科学，1998(5):2.

【55】汪李平，杨静.大棚紫背天葵栽培技术 [J].长江蔬菜，2018(2):16~19.

【56】曹华.紫背天葵优质栽培技术 [J].北京农业，2015(7):20~21.

【57】童恩莲.甜叶菊栽培技术 [J].农村科学实验，2020(5):111~112.

【58】余有霞.甜叶菊栽培技术 [J].西北园艺 (综合)，2019(4):47.

【59】罗林会，邱宁宏，王勤，等.野茼蒿栽培技术 [J].特种经济动植物，2006(7):23.

【60】杨运英.名优野菜"一点红"的栽培与应用 [J].西南园艺，2005(6):26~27.

【61】刘正钦.泽泻优质高产栽培技术 [J].四川农业科技，2018(9):21~22.

【62】李松.薏米高产栽培关键技术 [J].现代农业，2018(12):9.

【63】孙传颖，边亚辉，刘富启.薏米高产栽培技术 [J].河北农业，2015(4):16~18.

【64】张雅玲，孙冰，邓正春，等.菖蒲高产优质富硒栽培技术 [J].作物研究，2015(7): 787~788.

【65】马成亮.鸭跖草的栽培 [J].特种经济动植物，2005(12):23.

【66】仉富仁.人工栽培鸭跖草 [J].农业科技通讯，1978(4):17~18.

【67】叶永青.多花黄精栽培技术 [J].安徽林业科技，2022(1):38~39

【68】魏锦秋，丁文恩.黄花菜栽培技术 [J].农技服务，2008(3):15.

【69】牛卫民.黄花菜病害的防治技术 [J].蔬菜，2002(8):24.

【70】罗莉 . 川麦冬的高产栽培技术 [J]. 四川农业科技，2015(6):28~29.

【71】韩春梅 . 麦冬的高产栽培技术 [J]. 四川农业科技，2013(8):30.

【72】陆善旦 . 天门冬药材栽培 [J]. 广西农业科学，2001(3):146~147.

【73】马源 . 食用百合栽培技术要点 [J]. 青海农技推广，2021(1):8~9.

【74】李桂琳，李泽生，罗凯，等 . 德宏野生蔬菜圆锥菝葜及其栽培技术 [J].
热带农业科技，2020(3):21~24.

【75】万学锋，刘俊斌，吴尚钦 . 长泰砂仁优质高产栽培技术 [J]. 农业与技术，
2021(6):106~109.

【76】刘正兰 . 金线莲林下仿野生栽培技术 [J]. 现代园艺，2019(20):41~42.

【77】黄小云，黄毅斌，李春燕，等 . 福建金线莲林下仿野生栽培技术 [J]. 福
建农业科技，2017(5):41~43.

【78】刘保财，陈菁瑛，黄颖桢，等 . 石仙桃人工栽培技术 [J]. 福建农业科技，
2017(12):40~42.

【79】华美健 . 浅谈香椿栽培管理 [J]. 特种经济动植物，2022(5):92~93.

【80】吴海明 . 慈菇高产栽培技术 [J]. 福建农业科技，2016(3):39~40.

【81】福建省科学技术委员会 . 福建植物志 [M]. 福州 : 福建科学技术出版社，
1988，1990，1995.

【82】福建省中医研究所草药研究室 . 福建民间草药 [M]. 福州 : 福建人民出版社，
1960.